基层供电企业员工岗前培训系列教材

线路基本工艺实训

河南省电力公司 组编

张 剑 主编

黄文涛 主审

中国电力出版社

CHINA ELECTRIC POWER PRESS

内 容 提 要

《基层供电企业员工岗前培训系列教材》是依据《国家电网公司生产技能人员职业能力培训规范》，结合生产实际编写而成的。

继 2010 年本套教材推出 14 个分册之后，2012 年又推出 8 个分册。目前，本套教材共有 22 个分册。本册为《线路基本工艺实训》分册，主要内容有：线路器材及工器具的定义、型号组成、结构及基本要求，常用绳结的种类及制作，登杆训练的工具及技巧，杆上作业的操作，导线钳压连接、液压连接与绑扎的方法，地锚敷设的种类、型式及方法，拉线的种类及制作等。本书图文并茂，结合标准对线路施工基本工艺进行了详细的阐述，力求贴近实际，缩短培训与企业需要的距离。

本书可作为基层供电企业新员工、复转军人入职和生产技术人员提升职业能力的培训用书，也可供电力职业院校教学使用。

图书在版编目（CIP）数据

线路基本工艺实训/张剑主编；河南省电力公司组编. —北京：中国电力出版社，2012.9（2017.7 重印）

基层供电企业员工岗前培训系列教材

ISBN 978 - 7 - 5123 - 3457 - 1

Ⅰ.①线… Ⅱ.①张… ②河… Ⅲ.①输配电线路－岗前培训－教材 Ⅳ.①TM726

中国版本图书馆 CIP 数据核字（2012）第 205924 号

中国电力出版社出版、发行

（北京市东城区北京站西街 19 号　100005　http ://www.cepp.sgcc.com.cn）

汇鑫印务有限公司印刷

各地新华书店经售

*

2012 年 9 月第一版　　2017 年 7 月北京第二次印刷

710 毫米 × 980 毫米　16 开本　14.25 印张　265 千字

印数 3001—4000 册　定价 36.00 元

基层供电企业员工岗前培训系列教材

前　言

　　为了增强基层供电企业员工岗前培训的针对性和实效性，进一步提高岗前培训员工的综合素质和岗位适应能力，河南省电力公司牵头组织，技术技能培训中心郑州校区和南阳校区的教学管理人员及部分教师共同策划、编写了《基层供电企业员工岗前培训系列教材》。该套教材按照电网主要生产岗位的能力素质模型和岗位任职资格标准，实施基于岗位能力的模块培训，提高培训教学的针对性和可操作性，培养具有良好职业素质和熟练操作技能、快速适应岗位要求的中级技能人才。

　　该套教材针对基层供电企业员工岗前培训的特点，在编写过程中贯彻以下原则：

　　第一，从岗位需求分析入手，参照国家职业技能标准中级工要求，精选教材内容，切实落实"必须、够用、突出技能"的教学指导思想。

　　第二，体现以技能训练为主线、相关知识为支撑的编写思路，较好地处理了基础知识与专业知识、理论教学与技能训练之间的关系，有利于帮助学员掌握知识、形成技能、提高能力。

　　第三，按照教学规律和学员的认知规律，合理编排教材内容，力求内容适当、编排合理新颖、特色鲜明。

　　第四，突出教材的先进性，结合生产实际，增加新技术、新设备、新材料、新工艺的内容，力求贴近生产实际，缩短培训与企业需要的距离。

　　继 2010 年本套教材推出 14 个分册之后，2012 年又推出 8 个分册。目前，本套教材共有 22 册。本分册为《线路基本工艺实训》，书中所使用资料、标准为现阶段最新发布，使用中尽量保持标准的原意，以便读者学习理解。本书共七个单元，主要介绍线路施工的安全工作规程、线路器材及工器具、绳结、登杆训练、杆上作业、导线连接与绑扎及地锚敷设及拉线制作。本书由河南省电力公司技术技能培训中心张剑编写，黄文涛审稿，在编写过程中得到了南阳供电公司常江、齐海旺、杨伟的大力支持与帮助，参考了有关资料、文献，在此对提供帮助的同仁及资料和文献作者表示感谢。

由于编写时间仓促，水平有限，难免出现疏漏，敬请读者在使用中多提宝贵意见，以便修订时加以完善。

编 者

2012 年 7 月

目　录

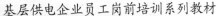

单元一

线路施工的安全工作规程

安全生产的指导思想是坚持以人为本、预防为主，充分依靠法制、科技和人民群众，以保障公众生命财产安全为根本，以落实和完善应急预案为基础，以提高预防和处置突发公共事件能力为重点，全面加强应急管理工作，最大限度地减少突发公共事件及其造成的人员伤亡和危害，维护国家安全和社会稳定，促进经济社会全面、协调、可持续发展。

"安全第一、预防为主"是电力企业的工作方针，没有安全保障，也就没有了经济效益，一切都成了空谈。所以说"安全生产"是我们电力企业和职工的生命线，而对安全生产威胁最大的就是违章作业。把杜绝违章作为保证安全的头等大事来抓，如果只是停留在书面上，就失去了实际意义，应全员参与，充分行动起来，深挖自身存在的不足之处，大力开展自查自纠、互查互纠，通过相互的对比、学习来杜绝违章行为，积极开展反违章集中整治活动，加大反违章查处力度，发现一起，处罚一起，决不手软。

安全是企业保持稳定发展的基础，应首先从思想上有深刻的认识，从进入电力行业工作初期开始，从最基本的操作技能训练开始，积极学习，持之以恒，在思想意识中重视起来，从实际行动中体现出来。牢固树立"安全第一，预防为主"的电力生产方针，狠抓安全生产的危险点和安全管理的薄弱点，做到"从我做起，决不违章"，把安全措施落实到安全工作之中，在全员、全方位、全过程预防中，不断提高事故预测和预控能力，确保安全目标的全面实现。

任务　GB 26859—2011《电力安全工作规程　电力线路部分》DL 5009.2—2004《电力建设安全工作规程第 2 部分：架空电力线路》国家电网公司《电力安全工作规程　线路部分》

学习目标

1. 能说出保证安全的组织措施和技术措施。
2. 知道线路各项工作的一般安全措施。
3. 知道紧急救护的一般方法。

任务描述

《电力建设安全工作规程　第 2 部分　架空电力线路》、《电力安全工作规程电力线路部分》从架空电力线路的建设、运行维护各个方面全面地制定了从事该工种工作的安全细则，要求从事该工种工作的所有人员应无条件地遵守和严格执行，以确保人民生命财产安全和各项工作的顺利进行。

由于学习课时数、学习内容以及学习环境等条件的限制，本单元只学习与本课程相关的安全规程的条款，其余内容可供大家自学预习，以便为今后的工作奠定基础。

学习内容

一、GB 26859—2011《电力安全工作规程　电力线路部分》
二、DL 5009.2—2004《电力建设安全工作规程　第 2 部分：架空电力线路》
三、国家电网公司《电力安全工作规程　线路部分》

技能训练

训练任务

理解、背诵所学条款。

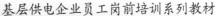

单元二

线路器材及工器具

架空电力线路主要由导线、地线（含接地系统）、金具、绝缘子、杆塔、拉线、基础等元件组成。本次实训主要认识线路的一些器材和常用工具等。

任务一 线路金具、 绝缘子、 导线

学习目标

1. 知道线路常用金具、绝缘子、导线的名称、规格、作用、外观质量要求；

2. 知道金具、绝缘子的连接要求、外观质量检查、绝缘子绝缘电阻检测；

3. 能够正确进行金具、绝缘子的连接。

任务描述

认识架空电力线路金具、绝缘子的种类、形式代号、作用、连接方式、外形特征以及导线的结构形式和种类。

通过观察、组装操作，掌握各种器材的外观检查方法、质量要求、组装方法、连接配合要求、运行中的姿态以及运行标准等。

学习内容

一、架空电力线路电力金具名词术语

1. 综合类

（1）电力金具。连接和组合电力系统中的各类装置，起到传递机械负荷、电气负荷及某种防护作用的金属附件。

（2）悬垂线夹。将导线悬挂至悬垂串组或杆塔上的金具。

（3）耐张线夹。用于固定导线，以承受导线张力，并将导线挂至耐张串组或杆塔上的金具。

（4）连接金具。用于将绝缘子、悬垂线夹、耐张线夹及保护金具等连接组合成悬垂或耐张串组的金具。

（5）接续金具。用于两根导线之间的接续，并能满足导线所具有的机械及电气性能要求的金具。

（6）接触金具。用于导线或电气设备端子之间的连接，以传递电气负荷为主要目的的金具。

（7）保护金具。对各类电气装置或金具本身，起到电气性能或机械性能保护作用的金具。

（8）线夹。固定在导线上或将导线固定的金具或金具的部件。

（9）破坏载荷。在规定的试验条件下，导致金具破坏的载荷。

（10）标称破坏载荷。由买方指定的或由供方公布的，金具所具有的最小破坏载荷值。

（11）损伤载荷。在金具不出现永久变形的条件下，金具所能承受的最大载荷值。

（12）滑动。采用任何方式紧固导线的金具，在施加载荷后，导线与金具之间出现相对位移，以致试验载荷不能继续上升，此现象称为滑动。

（13）握力。采用任何方式紧固导线的金具，在不出现滑动现象时所能承受的载荷。

（14）绝缘子串。将多片绝缘子组合成串，可给导线以可挠性的支持。绝缘子串主要承受拉力。

（15）绝缘子串组。一串或多串绝缘子组合成一整体，并带有线路运行所需要的全部金具，其一端用金具可以挠性地固定至杆塔上，另一端可悬挂或支持导线。

（16）悬垂绝缘子串组。用于承受悬挂单根导线或分裂导线重量的绝缘子串组。

（17）耐张绝缘子串组。用于承受单根导线或分裂导线张力的绝缘子串组。

（18）最大出口角。在导线与悬垂线夹脱离接触处，船体线槽曲线所允许的最大切线角。

（19）最小出口角。在导线与悬垂线夹脱离接触处，船体线槽曲线所允许的最小切线角。

（20）压缩型金具。对于金具本身全部或部分，需要施加压力使其产生永久变形才能完成安装工作的金具。此金具不能反复使用。

（21）非压缩型金具。相对于压缩金具，在安装时金具的任何部位都不产生永久变形的金具。此类金具允许反复使用。

（22）温升。在传导电流的金具元件上，某一点的温度与指定的基准温度之间的差值。

2. 产品类

（1）挂环。两端均为环形连接件的连接金具。

（2）挂板。使用螺栓组装的一种板形（单片或双片）连接件，或两端均为板形连接件的连接金具。

（3）球头。球杆形状的一种连接件（相配的连接件为碗头）。

（4）碗头。帽窝形状的一种连接件（相配的连接件为球头）。

（5）挂钩。吊钩形状的一种连接件。

（6）U 形挂环。两端分别由挂环与挂板连接件所组合构成的 U 形金具。

（7）U 形螺丝。两端分别由挂环与螺纹杆所构成，用于与杆塔连接的 U 形金具。

（8）U 形挂板。由带状钢板弯曲成的 U 形金具，其一端为挂板连接件，另一端配置承受剪力的螺栓，用于与杆塔连接。

（9）联板。将多个受力分支组装成整体的板形连接金具。

（10）牵引板。两端为挂板连接件，并带有施工牵引孔的连接金具。

（11）调整板。可调节连接长度的板形连接金具。

（12）花篮螺丝。两端用左右旋螺纹来调节连接长度的连接金具。

（13）吊架。在电杆上支持避雷线，并代替横担的连接金具。

（14）延长架。用于降低杆塔横担上悬垂绝缘子串的悬挂点高度的连接金具。

（15）接续管。用于连接导线，并能保持导线电气、机械性能的圆管形或椭圆形接续金具。

（16）修补管。用于修补受损导线以恢复其电气和机械性能的圆管形金具。

（17）预绞式金具。将预成形螺旋条状物缠绕于导线或地线上，用于承受机械或电气载荷的金具。

（18）并沟线夹。用于传递两根平行导线之间电气负荷的接触金具。

（19）跳线线夹。用于连接跳线，以传递电气负荷的接触金具。

（20）防振锤。挂在导线或地线上，抑制或减小微风振动的一种防振装置。

（21）均压环。改善绝缘子串上电压分布的圆环状金具。

（22）屏蔽环。使被屏蔽范围内的其他金具或部件不出现电晕现象的圆环状金具。

（23）招弧角。防止电弧沿着绝缘子表面闪络的角状金具。

（24）引弧环。防止电弧沿着绝缘子表面闪络的环状金具。

（25）间隔棒。使分裂导线的子导线保持一定几何布置的金具。

（26）护线条。悬垂线夹安装前，螺旋形绕于悬挂点处的导线上，以增加导线刚度及耐振能力的金属线条。

（27）铝包带。缠绕在铝制导线上，使其表面不受磨损的铝带。

（28）重锤。挂在悬垂线夹下端，增加线夹垂直荷重的重物。

（29）线卡子。固定钢绞线端部的马鞍形组合件。

（30）心形环。绕扎钢绞丝或钢丝绳时用的衬垫。

（31）设备线夹。导线与电气设备端子相连接，以传递电气负荷用的金具。

（32）T形线夹。导线与分支线相连接，以传递电气负荷用的金具。

（33）铜铝过渡板。铜质端子与铝质端子相连接，以防止电化腐蚀作用的过渡接触板件。

（34）夜间警告灯。附在导线上，借助带电导线的电容耦合作用而发光的装置。

（35）航空警告标志。装附在导线或地线上，在白天可见的警告装置。

3. 试验方法类

（1）外观检查。以目力观察为主的对金具外表质量状态的检查。

（2）型式试验。对按照一定技术条件设计制造的金具产品，以验证其设计特性是否符合规定的标准所进行的试验。

它们通常进行一次，只在设计或材料变更时才重复进行。

（3）抽样试验。在同一条件下所生产的一批产品中，随机地提取一定数量，以验证材料质量及工艺质量是否符合规定的标准所进行的试验。

（4）例行试验。采用适当的方法以淘汰有缺陷的产品，而对逐个金具所进行的试验。

（5）定期试验。按照规定的周期或停产一定时间后，以检验制造过程中所用的模具及定位装置有无变形、磨损或位移，以及镀锌质量是否符合标准所进行的试验。

（6）振动试验。在规定的试验条件下，测定防振金具动力特性所进行的试验。

（7）疲劳试验。在规定的振动条件下，金具对振动的耐受性能试验。

（8）电阻试验。将金具连接于电气回路中，测定其电阻值的试验。

（9）热循环试验。在规定的电流负荷及温升条件下，对试件进行长期运行状态下的模拟试验。

（10）无线电干扰试验。在运行电压下，测定试件的无线电干扰电平的试验。

（11）电晕试验。在实际使用的状态下，测定试件由于电场的作用而出现可见电晕现象的试验。

（12）热镀锌试验。对金具表面热镀锌质量，包括锌层重量（或厚度）、锌层均匀性及锌层附着力等项目进行检验的试验。

（13）抗弯试验。在规定的条件下，测定试件在弯曲载荷作用下的承载能力的试验。

二、架空电力线路电力金具型号命名规则

1. 型号命名规则

（1）电力金具产品型号标记由1～3个汉语拼音字母（以下简称字母）、阿拉伯数字（以下简称数字）和附加字母三部分组成。

（2）首位字母和数字是基本组成部分，当标记用基本组成部分还不能区分不同品种型号及规格时，可在首位字母后加上第二或第三位字母、在数字后加上附加字母来表示。

（3）标记中使用的字母应采用大写汉语拼音字母，I、O、X三个字母不得使用。字母不得加角标，如不得使用 A_0、B' 等。

（4）数字应采用阿拉伯数字，不得使用罗马数字或其他数字。

（5）标记中只允许使用乘号（×）、短划（-）、小数点（.）等三个符号。用于自动信息处理时，乘号（×）为字母 X。

2. 型号标记的组成

型号标记的组成如图2-1所示。

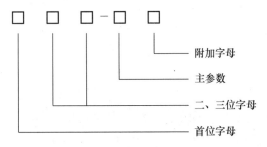

图2-1　型号标记的组成

（1）首位字母。型号标记首位字母的代表含义是：

1）分类类别；

2）连接金具的产品系列名称。

首位字母用上述的类别或名称的第一个汉语拼音的第一个字母表示。当首位字母出现重复时，或与不得使用的I、O、X相同时，可选取上述类别或名称的第二个汉语拼音的第一个字母表示，也可选取其他字母表示，或用二、三位字母来区分。

首位字母代表的含义如表2-1所示。

表 2-1　　　　　　　　　　　首位字母代表的含义

字母	表示类别	表示连接金具产品的系列名称	备注
B		避雷线	
C	悬垂线夹		悬（XUAN） 垂（CHUI）
D		调整板	
F	防护金具		
J	接续金具		
L		联板	
M	母线金具		
N	耐张线夹		
P		平行	
Q		球头、牵引板	
S	设备线夹		
T	T形线夹		
U		U形	
W		碗头	
Y		延长	
Z		直角	

（2）二、三位字母。型号标记的二、三位字母是对首位字母的补充表示，以区别不同的型式、结构、特性和用途，同一字母可表示不同的含义。

二、三位字母代表的含义如表 2-2 所示。

表 2-2　　　　　　　　　　二、三位字母代表的含义

字母	代表含义
B	板、爆（压）、补（修）、并（沟）、变（电）、避（雷）、包
C	槽（形）、垂（直）、（下、悬）垂
D	倒（装）、单（板、联、线）、导（线）、吊（挂）、搭（接）
E	楔（形）
F	方（形）、封（头）、防（晕、盗、振）、复（铜）
G	固（定）、过（渡）、管（形）、沟、钢

续表

字母	代表含义
H	护（线）、环、弧、合（金）
J	均（压）、矩（形）、间（隔）、支（架）、加（强）、绞、绝
K	卡（子）、（上）扛、扩（径）
L	螺（栓）、立（放）、拉（杆）、菱（形）、轮（形）、铝
N	耐（热、张）、户（内）
P	平（行、面、放）、屏（蔽）
Q	球（绞）、轻（型）
R	软（线）
S	双（线、联）、三（腿）、伸（缩）、设（备）
T	T（形）、椭（圆）、跳（线）、（可）调、（复）铜
U	U（形）
V	V（形）
W	（户）外
Y	压（缩）、圆（形）、牵（引）、预（绞）
Z	组（合）、终（端）、重（锤）、自（阻尼）

（3）主参数。主参数用阿拉伯数字表示，根据产品的特点，可取下述其中一种或多种组合表示。

1）表示适用导线的标称截面 mm^2 或导线直径 mm；

2）当产品可适用于多个标号的导线时，为简化主参数数字，采用组合号以代表相应范围内的绞线标称直径，或按不同产品型号单独设组合号，如表 2-3 所示；

3）表示标称破坏载荷标记，按 GB/T 2315—2008《电力金具　标称破坏载荷系列及连接尺寸》规定；

4）表示间距 mm（cm）；

5）表示母线规格 mm；

6）表示母线片数及顺序号；

7）表示承重导线根数和载流导线根数；

8）表示圆杆的直径或长度 mm（cm）；

9）表示适用电压 kV。

表 2-3 组 合 号

组合号	绞线直径		组合号	绞线直径	
	铝绞线、钢芯铝绞线	钢绞线		铝绞线、钢芯铝绞线	钢绞线
0	5.5~7.0		6	30.0~35.0	
1	8.0~12.0	6.4~8.6	7	38.0~39.0	
2	13.0~16.0	8.7~12.0	8	40.0~44.0	
3	16.0~18.0	13.0~14.5	9	45.0~49.0	
4	18.0~22.5	16.0~17.5	10	50.0~55.0	
5	23.0~29.5				

（4）附加字母。附加字母是补充性的区分标记，字母代表的含义分述如下。

1）以 A、B、C、D 作区分标记，如表 2-4 所示。

表 2-4 区分标记

区分标记字母	区分总长度	区分引流角度	区分附属构件
A	短形	0	附碗头挂板
B	长形	30	附 U 形挂板
C		45	
D		90	

2）用附加字母区分绞线结构，如表 2-5 所示。

表 2-5 区分绞线结构

代号	G	B	K	N	L	H	Z	T	J
绞线结构形式	钢（绞）	铝包钢	扩径	耐热（铝合金）	铝（绞）	合金（铝）	自阻尼	铜（绞）	绝缘线

注 钢芯铝绞线是最常用结构，不用字母表示（即型号后无附加字母）者，代表的是钢芯铝绞线。

3）其他的含义见表 2-2。

（5）改进设计后产品命名方法。已有产品改进设计，如主参数和性能不变或只是不同形态，可沿用原有产品名称和型号，仅需在原型号标记的最后加（·），再以 A、B、C、D、…、Y、Z 表示改进顺序，并在技术文件中加以说明。

电力金具型号命名示例见表 2-6。表中列举了已正式生产的、典型的各类电力金具型号命名示例，便于各方面了解和掌握电力金具产品型号命名方法的运用规律。

3. 产品型号命名的管理

（1）电力金具产品型号的命名，由全国架空线路（电力金具）标准化技术委员会（以下简称标委会）负责管理。

（2）新产品型号的命名，应向标委会申请，经批准后方可正式投产使用。

（3）新产品型号的命名不应与已有的型号重复，其汉语称呼应符合 GB/T 5075—2001《电力金具名词术语》的规定，新发展的汉语称呼应和型号一起报标委会审批。

（4）改进设计的产品，改进顺序字母，应向标委会登记备案，以避免重复。制造厂应在供货的技术文件中加以说明。

表 2 - 6　　　　　　　　　　　　电力金具型号命名示例

产品型号示例	首位字母含义	二、三字母含义	主参数含义	附加字母含义
CGU - 5A CGU - 5K	C —悬垂 线夹	G—固定 U—U 形螺丝型 F—防晕型	组合号 5，用于钢芯铝绞线 直径 23.0～29.5mm	A—附碗头挂板 K—上杠式
FD - 1. A FYB - 95/15 FJP. 500CS	F —防护 （震）金具	D—导线 Y—预绞丝 B—补修条 J—均压环 P—屏蔽环	组合号 1 铝截面积/钢截面积 电压等级 500kV	.A —第一次 改进 C—悬垂绝缘子 串用 S—双联
JT - 16L JT - 10/2 JY - 300 JB - 185 JGB - 1	J —接续 金具	T—椭圆管 Y—圆形管 B—补修管 G—并沟 B—避雷线	截面积 铝截面积/钢截面积 截面积 钢芯铝绞线截面积 组合号 1 钢绞线	L—铝绞线用 G—钢绞线用
LV - 1020 LS - 1221 LL - 2045	L—联板	V—V 形悬挂 S—双联、双母线 L—菱形板	前二位表示破坏载荷标记， 后二位表示孔距(mm)	
MNP - 101 MWL - 302 MCD - 1 MGG - 70. A MGZ - 130 MDG - 4 MSG - 4/120 MYH(2+8)	M —母线 金具	N—户内 P—平放 W—户外 L—立放 C—槽形 D—吊挂、单母线 G—管形、固定 Z—终端 S—双母线 YH—圆环	第一位为母线片数 第二、三位为序号 序号 母线管外径 母线管外径 导线组合号 导线组合号/双母线间距(mm) 承重导线根数＋载流导线 根数	·A 固定孔 距φ190 ·B 固定孔 距φ225 ·C 固定孔 距φ250 ·D 固定孔 距φ280

产品型号示例	首位字母含义	二、三字母含义	主参数含义	附加字母含义
NLD-1 NY-35G NE-1	N—耐张 线夹	L—螺栓型 D—倒装式 Y—压缩型 E—楔形	绞线组合号 绞线截面积 绞线组合号	G—钢绞线用
PD-7 P-2030	P—平行 挂板	D—单板	标称破坏载荷 前两位代表标称破坏载荷， 后两位代表孔距(cm)	

三、电力金具通用技术条件

以下叙述适用于额定电压在 35kV 以上架空电力线路、变电站及电厂配电装置用的金具。对在严重腐蚀、污秽的环境、高海拔地区、高寒地区等条件下使用的金具，尚应满足其他相关标准的有关规定。

1. 基本要求

（1）金具应采用按规定程序批准的图样制造。

（2）金具应承受安装、维修及运行中可能出现的有关机械载荷，并能满足设计工作电流（包括短路电流）、工作温度及环境条件等各种工况的要求。

（3）金具的标称破坏载荷及连接型式尺寸应符合 GB/T 2315 — 2008 的规定。

（4）金具的各连接部件应保证在运行中不致松脱，与线路带电检修有关的金具尚应保证安全和便于拆装。

（5）金具应尽量减少磁滞、涡流损失，并应尽量限制电晕的影响。用于额定电压 330 kV 及以上的金具，当不采用屏蔽装置时，金具本身应具有防电晕特性。

（6）金具应采用图样规定的材料和生产工艺制造。

（7）金具外观质量除了厂标、型号等标识清晰可辨之外，还应符合下列要求。

1）黑色金属铸件的外观质量。

a）铸件表面应光洁、平整，不允许有裂纹等缺陷；

b）铸件的重要部位（指不允许降低机械载荷的部位，以产品图样标注为准）不允许有气孔、砂眼、缩松、渣眼及飞边等缺陷存在；

c）在与其他零件连接及与导线、地线接触的部位（如挂耳、线槽）不允许有胀砂、结疤、毛刺等妨碍连接及损坏导线或地线的缺陷。

2）锻制件、冲压件的外观质量。

a）冲裁件的剪切断面斜度偏差应小于板厚的十分之一；

b）锻件、冲压件、剪切件应平整光洁，不允许有毛刺、开裂和叠层等缺陷；

c) 锻件、热弯件不允许有过烧、叠层、局部烧熔及氧化皮存在。

3) 铝制件的外观质量。

a) 铝制件表面应光洁、平整，不允许有裂纹等缺陷；

b) 铝制件的重要部位（指不允许降低机械载荷的部位，以产品图样标注为准）不允许有缩松、气孔、砂眼、渣眼、飞边等缺陷；

c) 铝制件与导线接触面及与其他零件连接的部位，接续管与压模的压缩部位，以及有防电晕要求的部位，不允许有胀砂、结疤、凸瘤等缺陷；

d) 铝制件的电气接触面，不允许有碰伤、划伤、凹坑、凸起、压痕等缺陷。

4) 铜铝件的电气接触面外现质量。

铜铝件与导线的接触面应平整、光洁，不允许有毛刺或超过板厚极限偏差的碰伤、划伤、凹坑、凸起及压痕等缺陷。

5) 焊接件的外观质量。

a) 焊缝应为细密平整的细鳞形，并应封边，咬边深度不大于 1mm；

b) 焊缝应无裂纹、气孔、夹渣等缺陷。

6) 紧固件外观质量。

a) 紧固件表面不应有锌瘤、锌渣、锌灰存在；

b) 外螺纹、内螺纹应光整；

c) 螺杆、螺母均不应有裂纹；

d) 螺杆头部应打印性能等级标记。

2. 分类要求

（1）悬垂线夹。

1) 悬垂线夹应考虑裸线或包缠护线条等多种使用条件。

2) 船式悬垂线夹，其船体线槽的曲率半径应不小于导线、地线直径的 8 倍。

3) 悬垂线夹应具有一个能允许船体回转的水平轴。

4) 悬垂线夹应明确使用的限定范围，如最大出口角、最小出口角和允许回转角等。

5) 悬垂线夹的设计应减少微风振动对导线、地线产生的影响，并应避免对导线、地线产生应力集中或损伤。悬垂线夹的设计还应考虑在导线、地线水平不平衡张力作用下，减少船体回转轴的磨损。

6) 固定型悬垂线夹对导线、地线的握力，与其导线、地线计算拉断力之比应不小于表 2-7 的规定，或由供需双方商定。

7) 悬垂线夹与被安装的导线、地线间应有充分的接触面，以减少由故障电流引起的损伤。

表 2-7　　　　　　　　悬垂线夹握力与导线、地线计算拉断力之比

绞线类别	铝钢截面比 α	百分比(%)
钢绞线、铝包钢绞线、钢芯铝包钢绞线	—	14
钢芯铝绞线	$\alpha \leqslant 2.3$	14
钢芯铝合金绞线	$2.3 < \alpha \leqslant 3.9$	16
铝包钢芯铝绞线	$3.9 < \alpha \leqslant 4.9$	18
钢芯耐热铝合金绞线	$4.9 < \alpha \leqslant 6.8$	20
铝包钢芯铝合金绞线	$6.8 < \alpha \leqslant 11.0$	22
铝包钢芯耐热铝合金绞线	$\alpha > 11.0$	24
铝绞线、铝合金绞线、铝合金芯铝绞线	—	24
钢绞线	—	28

（2）耐张线夹、接续金具和接触金具。

1）承受电气负荷的金具，无论是承受张力的或非承受张力的，均不应降低导线的导电能力。

2）用于电气接续的金具应满足 GB/T 2317.1—2008《电力金具　试验方法　第 1 部分：机械试验》、GB/T 2317.2—2008《电力金具　试验方法　第 2 部分：电晕和无线电干扰试验》和 GB/T 2317.3—2008《电力金具　试验方法　第 3 部分：热循环试验》的要求。

3）要求承受电气负荷性能的金具应符合下列规定。

a）导线接续处两端点之间的电阻，压缩型金具应不大于同样长度导线的电阻，非压缩型金具应不大于同样长度导线电阻的 1.1 倍；

b）导线接续处的温升应不大于被接续导线的温升；

c）所有承受电气负荷的金具，其载流量应不小于被安装导线的载流量。

4）耐张线夹、接续金具和接触金具对导线、地线的握力，其与导线、地线计算拉断力之比应不小于表 2-8 的规定。

表 2-8　耐张线夹、接续金具和接触金具握力与导线、地线计算拉断力之比

金　具　类　别	百分比(%)
架空电力线路用压缩型金具(耐张线夹、接续金具) 预绞式接续金具和预绞式耐张线夹	95
架空电力线路用非压缩型金具(螺栓型耐张线夹、楔型耐张线夹)	90
绝缘线用耐张线夹、变电站用耐张线夹	65
接触金具(T形线夹及设备线夹)	10

5）非压缩型耐张线夹与承受张力的导线相互接触时，其弯曲延伸部分出口处的曲率半径不应小于被安装导线直径的 8 倍。

6）金具的导电接触面应涂导电脂，对于压缩型金具应采用防止氧化腐蚀的导电脂，填充金具内部的空隙。

7）所有压缩型金具应使内部孔隙为最小，以防止运行中潮气的侵入。

8）耐张线夹、接续金具和接触金具与导线的连接处，应避免两种不同金属间产生的双金属腐蚀问题。

9）耐张线夹、接续金具和接触金具应考虑安装后，在导线与金具的接触区域，不应出现由于微风振动、导线震荡或其他因素引起的应力过大导致的导线损坏现象。

10）耐张线夹、接续金具和接触金具应避免应力集中现象，防止导线或地线发生过大的金属冷变形。

（3）保护金具。

1）保护金具应能承受微风振动作用而不引起疲劳损坏。

2）电气保护金具应能承受一定的静态机械载荷的作用，均压屏蔽金具要保证安全支撑一个人的体重。

3）补修管应考虑对导线最外层断股数不多于 1/3 的情况下进行修补。

4）防振锤应满足 DL/T 1099—2009《防振技术条件和试验方法》的要求，间隔棒应满足 DL/T 1098—2009《间隔棒技术条件和试验方法》的要求。

（4）母线金具。

1）母线固定金具应能承受机械载荷，其值与所安装的高压支柱绝缘子的要求相配合。

2）母线伸缩节在承受伸缩量 32mm 及往返 1.00×10^3 次以后，不得发生疲劳损坏。

3）采用闪光焊或摩擦焊接工艺制造的铜铝过渡金具，在铜铝焊接处应能承受 180°弯曲而不出现焊缝断裂情况。钎焊工艺制造的铜铝过渡金具及冷轧的铜铝过渡复合片铜与铝表面的复合面积应不小于总接触面的 75%。

3. 材料及防腐

（1）制造金具的材料，应按图样的规定选用；或选用能满足使用要求并经用户同意的其他材料。

（2）制造金具的金属材料应满足使用寿命的要求，应不易出现金属材料晶粒间腐蚀或应力腐蚀，也不得由此引起导线或地线任何部位的腐蚀。

（3）压缩型金具的金属材料应能承受压缩产生的冷变形，钢质压缩件压缩后应具有足够的冲击强度。钢质接续管应选用含碳量不大于 0.15％的优质钢，铝质压缩件应采用纯度不低于 99.5％的铝。

（4）尽可能采用不敏感的钢材，如必须采用敏感性的钢材，则要避免严重的冷加工。在高寒地区使用的金具应采用低冷脆性材料。

（5）以铜合金材料制造的金具，其铜含量应不低于 80％。

（6）采用非金属材料制造的金具，应具有良好的抗老化性能，能经受工作温度而不发生性能劣化，并具有足够的防臭氧、防紫外线及防空气污秽的能力。

（7）在户外的金具其黑色金属部件，除灰铸铁外，表面均应参照 DL/T 768.7—2002《电力金具制造质量　钢铁件热镀锌层》进行热浸镀锌的防腐处理。也可采用供需双方同意的其他方法获得等效的防腐性能。

（8）对于两种接触电位不同的金属相互接触时，需采取特殊措施，以免引起电势腐蚀，降低接触性能。这个要求也适用于直接与导线相接触的金属部件。

（9）金具紧固件的外螺纹应在热浸镀锌前按 GB/T 196—2003《普通螺纹　基本尺寸》的规定加工或辗制，然后进行热浸镀锌；而内螺纹可在热浸镀锌前或后进行加工，如果在热浸镀锌后加工，则应在加工后涂防腐油脂。

金具用的外螺纹在任何情况下，不允许缩小螺纹外径；受剪螺杆不允许缩杆，不受剪切控制的螺杆允许缩杆，但其缩杆后的直径不得小于螺纹中径。

4. 结构及尺寸公差

（1）受剪螺栓的螺纹，允许进入受力板件的深度不大于该板件厚度的三分之一。

（2）U 形挂板连接方式的挂板宽度不宜大于 100mm，否则应采用整板钻孔的槽型连接型式。

（3）凡接触导线、地线的各种线夹及接续金具，其出线口应做成圆滑的喇叭口状。

（4）金具的结构应避免积水。

（5）球、窝的连接尺寸应符合 GB/T 4056—2008《绝缘子串元件的球窝连接尺寸》的规定。

（6）金具的尺寸及公差，应保证金具满足规定的机械及电气性能要求；经镀锌的金具，其尺寸均为镀锌后的尺寸。

（7）对未注尺寸偏差的部位，其极限偏差应符合下列规定。

1）金具的基本尺寸小于或等于 50mm 时，其允许极限偏差为±1.0mm；

2）金具的基本尺寸大于 50mm 时，其允许权限偏差为基本尺寸的±2％。

（8）在弯曲处的板件宽度尺寸极限偏差应符合 GB/T 1804—2000《一般公差

未注公差的线性和角度尺寸的公差》的规定，选用Ⅴ级。

（9）冲压件、锻件及热弯杆件基本尺寸的极限偏差应按图样要求，其未注公差按 GB/T 1804—2000 的规定选用Ⅴ级。

（10）钢接续管外径及内径尺寸极限偏差应符合表 2-9 的规定。

表 2-9　　　　　　　　　钢接续管外径及内径尺寸极限偏差　　　　　　　　（mm）

外径 D		内径 d	
基本尺寸	极限偏差	基本尺寸	极限偏差
$D\leqslant14$	±0.2	$d\leqslant9$	±0.15
$14<D\leqslant22$	$-0.2\sim+0.3$		
$22<D\leqslant34$	$-0.2\sim+0.4$	$9<d\leqslant16$	±0.20

（11）挤压铝管外径及内径尺寸极限偏差应符合表 2-10 的规定。

表 2-10　　　　　　　　　挤压铝管外径及内径尺寸极限偏差　　　　　　　　（mm）

外径 D		内径 d	
基本尺寸	极限偏差	基本尺寸	极限偏差
$D\leqslant32$	±0.4	$d\leqslant22$	-0.3
$32<D\leqslant50$	$+0.6$	$22<d\leqslant36$	-0.4
$50<D\leqslant80$	$+1.0$	$36<d\leqslant55$	-0.5

5．标志与包装

（1）金具必须按图样的规定，做出清晰的永久性的标志，其内容包括：

1）金具的识别标志（型号）；

2）制造厂识别标志（厂标）。

（2）标志方法及要求。

1）金具的标志部位明显。

2）用铸造方法生产的金具，应在铸造时一并铸出标志，凹字应与金具表面在同一水平上，外加凸槽加框。

3）用冲压或锻造方法生产的钢制金具应在热浸镀锌前压出标志；铝制品金具应采用压印法标志。

（3）对压缩型金具应作压缩操作起讫点位置的标志；对预绞丝制品应有安装起始位置标志。

（4）金具的包装必须保证在运输中不致因包装不良而损伤金具，其包装的材质必要时可由供需双方商定。

(5) 作为导电体的金具，必须在图样规定的电气接触表面上涂以导电脂，并加套保护；铜、铝管状金具应将管口封堵，以防止在运输和储藏中受到损伤或弄脏。

(6) 包装物上应标明。

1) 制造厂名称、厂标；

2) 产品名称、型号；

3) 包装数量、质量；

4) 必要的其他标志。

(7) 每件包装体总质量不超过 50kg。

(8) 每件包装体应附有技术检验部门及检验员印章的产品合格证及必要的技术文件。

(9) 根据用户要求，供方应提供有关金具组装及使用注意事项的说明书。

四、线路金具

线路金具是用来把绝缘子和导线悬挂、拉紧、联结在杆塔上，把导线接续起来，把线路用的电气设备联结在杆塔上，把拉线紧固在杆塔上用的各种材料的总称。

线路金具可分为悬垂线夹、耐张线夹、连接金具、接续金具、保护金具、拉线金具六大类。

（一）悬垂线夹

悬垂线夹主要用于将导线固定在绝缘子串上，或将避雷线悬挂在直线杆塔上，也可用于换位杆塔上支持换位导线以及非直线杆塔跳线的固定。悬垂线夹一般包括船体、回转轴和压条（含紧固螺丝）等部件（如图 2-2 所示）。对于不用回转轴部件的悬垂线夹，仅在特殊场合使用。

1. 分类

根据回转轴中心与导线轴线之间的相对位置关系，悬垂线夹可划分为中心回转式［见图 2-2 (a)］、下垂式［见图 2-2 (b)］及上扛式［见图 2-2 (c)］。

根据悬垂线夹对导线握力值的要求，悬垂线夹可划分为固定型、滑动（释放）型及有限握力型三类。

(1) 固定型悬垂线夹。仅规定最小握力值（见表 2-11），荷载不大于此握力值时，导线、地线不得在线夹内滑动；而对线夹的最大握力值不作规定，但应不损伤导线。

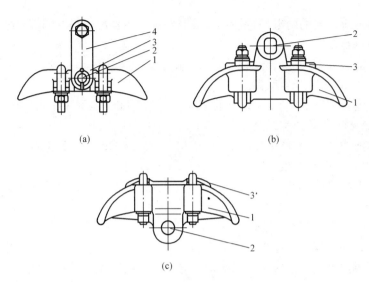

图 2-2　按回转轴划分的三类悬垂线夹典型结构形式

(a) 中心回转式；(b) 下垂式；(c) 上扛式

1—船体；2—回转轴；3—压条；4—挂件

表 2-11　　　　　　悬垂线夹握力与导线、地线计算拉断力之比

绞 线 类 别	铝钢截面比 α	百分比（%）
钢绞线、铝包钢绞线、钢芯铝包钢绞线	—	14
钢芯铝绞线	$\alpha \leqslant 2.3$	14
钢芯铝合金绞线	$2.3 < \alpha \leqslant 3.9$	16
铝包钢芯铝绞线	$3.9 < \alpha \leqslant 4.9$	18
钢芯耐热铝合金绞线	$4.9 < \alpha \leqslant 6.8$	20
铝包钢芯铝合金绞线	$6.8 < \alpha \leqslant 11.0$	22
铝包钢芯耐热铝合金绞线	$\alpha > 11.0$	24
铝绞线、铝合金绞线、铝合金芯铝绞线	—	24
钢绞线	—	28

（2）滑动型悬垂线夹。仅规定最大握力值，荷载达到或超过此握力值时，导线、地线应在线夹内出现滑动现象。

（3）有限握力型悬垂线夹。具有规定的最小握力值，荷载不大于此握力值时，导线、地线不得在线夹内滑动；同时线夹还规定最大握力值，荷载达到或超过此握力值时，导线、地线应在线夹内出现滑动现象。

（4）防晕型悬垂线夹。额定电压 330kV 及以上线路所用的悬垂线夹，若其本身具有防电晕特性，则称为防晕型悬垂线夹，除此以外的其他各类悬垂线夹，都需要配置屏蔽装置以后方可使用。

防晕型悬垂线夹的防电晕特性，按线路额定电压及海拔高度的综合要求，划分为四个等级进行设计。

普级：海拔高度 1000m 及以下的 500kV 或 ±500kV 架空线路，含海拔高度 4000m 以下的 330kV 架空线路。

中级：海拔高度 1000m 及以下的 750kV 架空线路，含海拔高度 1000～4000m 的 500kV 或 ±500kV 架空线路。

高级：海拔高度 1500m 及以下的 1000kV 或 ±800kV 架空线路，含海拔高度 1000～4000m 的 750kV 架空线路。

特级：海拔高度 1500～4000m 的 1000kV 或 ±800kV 架空线路。

2. 技术要求

(1) 悬垂线夹一般技术条件应符合 GB/T 2314—2008《电力金具通用技术条件》的规定，并按规定程序批准的图样制造。

(2) 悬垂线夹应考虑减少微风振动对导线、地线产生的影响，线夹应具有良好的动态特性，其船体能自由、灵活地转动，相对于回转轴的转动惯量应尽量小。

(3) 悬垂线夹应尽量减少因磁滞、涡流引起的电能损耗。

(4) 悬垂线夹船体线槽的曲率半径不应小于导线、地线直径的 8 倍。

(5) 悬垂线夹与被安装的导线、地线之间，应具有充分的接触面，以降低由短路电流引起的导线损伤。

(6) 悬垂线夹的线槽及压条等与导线、地线相互接触的表面应平整光滑，不应存在毛刺、凸出物及可能磨损导线的缺陷。

(7) 悬垂线夹的结构型式应便于带电作业，线夹的组成部件数应减为最少，并可采用带电作业工具进行线夹的安装或拆卸。

(8) 悬垂线夹船体的两端应呈圆滑的喇叭口形状，压条的两端应呈圆滑的曲线状。

(9) 悬垂线夹应考虑适用于安装裸导线、地线或包缠铝包带、护线条等多种使用条件。

(10) 线夹船体的线槽半径值应按表 2-12 的规定选取。

表 2-12　　　　线夹船体的线槽半径值　　　　(mm)

线槽半径	4.0	7.0	11	14	17	20	23	27	30	35
适用最大导线、地线直径(含包缠物)	7.0	13	21	27	33	39	45	53	59	69
适用最小导线、地线直径(含包缠物)	4.8	7.0	13	20	27	32	37	43	48	56

(11) 悬垂线夹应提供的主要尺寸包括总长度、全高、总质量、船体单侧的最大出口角（一般不小于 25°）、最小出口角（一般不大于 3°，用于大跨越的线夹除外）及挂架的允许回转角（不小于最大出口角的 1.5 倍）。

（12）悬垂线夹的标称破坏载荷、挂架（耳）螺栓直径及挂架（耳）开档应按表 2-13 规定的数值进行选取。对导体截面积为 $300\sim400\text{mm}^2$ 的导线用的线夹应不小于 60kN，对导体截面积为 $630\sim720\text{mm}^2$ 的导线用的线夹应不小于 80kN。

表 2-13　　　　　　　　　　悬垂线夹的标称破坏载荷

标称破坏载荷(kN)	40	60	80	100	120	150	200	250	300	350
挂架(耳)螺栓直径(mm)	16	16	18	18	22	24	24	27	30	36
挂架(耳)开档(mm)	15	19	19	19	20	22	24	28	32	36

注　标称破坏载荷 150kN 及以上为 6.8 级螺栓。

（13）固定型悬垂线夹应提供 U 形螺丝（埋头螺栓）的紧固扭力矩值。

（14）固定型悬垂线夹的典型结构有由压条和 U 形螺丝（埋头螺栓）组成的握紧机构，允许采用能够达到表 2-7 规定的同等握力要求的其他类型握紧机构，如楔型、弹簧型等。

（15）滑动型或有限握力型悬垂线夹所规定的握力值，从规定程序批准的设计图样中选取。

（16）挂架（耳）的常规型式为双板槽型连接，尺寸要求应符合 GB/T 2315—2008 的规定。为适应悬垂线夹变换其连接尺寸、结构型式或悬挂方向等要求，挂架（耳）可另配置适配金具，用户要求的适配金具与悬垂线夹成套供应。悬垂线夹典型的 8 种适配金具型式见图 2-3。

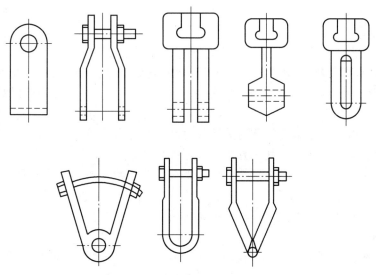

图 2-3　适配金具典型结构型式

（17）所有黑色金属制造的附件、紧固件、本体、压板均应采用热镀锌进行防腐处理。

（18）悬垂线夹线槽表面及压板压紧导线的表面应无毛刺、凸出物及足以磨损导线的缺陷。

（19）线夹挂板及重要部位不应有裂纹、砂眼及足以降低线夹强度的缺陷。

（20）防晕型线夹外表面应光洁无毛刺。

（21）悬垂线夹的破坏载荷不小于以下数值：

CGU-1、2、3、4型不小于40kN；

CGU-5A、5B、6A、6B型不小于60kN；

CGF-5C、5K型不小于70kN；

CGH-1T、2T、3T、4T型不小于40kN；

CGH-5T、6T型不小于70kN；

CGH-7T型不小于100kN；

CGJ-2型不小于100kN；

CGJ-5型不小于120kN；

CSH-5、6型不小于70kN；

CSH-7型不小于100kN。

3．材料及工艺

（1）悬垂线夹的各部件及附件采用的材质应符合下面规定。

1）可锻铸铁按GB/T 9440—2010《可锻铸铁件》的规定，抗拉强度不应低于330MPa，伸长率不应低于8%；球墨铸铁按GB/T 1348—2009《球墨铸铁件》的规定，抗拉强度不应低于450MPa，伸长率不应低于10%。

2）钢材按GB/T 700—2006《碳素结构钢》的规定，抗拉强度不应低于375MPa。

3）铸造铝合金按GB/T 1173—1995《铸造铝合金》的规定，材质满足设计图样的要求或买方的要求，热挤压铝型材按GB/T 3190—2008《变形铝及铝合金化学成分》的规定。

（2）所有用黑色金属制造的部件及附件，均应采用热镀锌方法进行防腐处理，也可采用供需双方同意的其他方法获得等效的防腐性能。

（3）采用热镀锌标准螺纹与扩大内螺纹配合，精度按GB/T 197—2003《普通螺纹　公差》的规定进行。

（4）悬垂线夹挂架或挂耳的两挂孔同轴度公差应小于1mm。

4．验收规则及试验方法

悬垂线夹的试验方法及验收除按GB/T 2317.1—2008、GB/T 2317.2—2008和GB/T 2317.4—2008《电力金具　试验方法　第4部分：验收规则》的规定执行之外，还需按表2-14进行试验。

表 2－14　　　　　　　　　悬垂线夹其他试验项目及要求

序号	试验名称	类别			试验方法及验收准则
		型式试验	抽样试验	例行试验	
1	线夹螺栓紧固试验	√	√[1]		
2	电磁损耗试验(仅对用于导线的铁制悬垂线夹)		√[1,2]		GB/T 2317.3—2008

1) 由供需双方确定；

2) 取 5 件试品结果的平均值。

5．主要尺寸

（1）CGU 固定型悬垂线夹。CGU 型悬垂线夹由可锻铸铁制造的线夹船体和压板以及 U 形螺丝组成。线夹的握力较大，适用安装中、小截面的铝绞线及钢芯铝绞线。在安装时，导线外应包缠铝包带 1～2 层。CGU 固定型悬垂线夹尺寸和型式示意图分别见表 2－15 和图 2－4。

表 2－15　　　　　　　　　　CGU 固定型悬垂线夹尺寸

型号	适用绞线直径范围（包括加包缠物，mm）	主要尺寸(mm)			标称破坏载荷（kN）	参考重量（kg）
		H	L	R		
CGU－1	5.0～7.0	82.5	180	4.0	40	1.4
CGU－2	7.1～13.0	82	200	7.0	40	1.8
CGU－3	13.1～21.0	101	220	11.0	40	2.0
CGU－4	21.1～26.0	109	250	13.5	40	3.0

注　C—悬垂线夹；G—固定；U—U 形螺丝；数字—适用导线组合号。

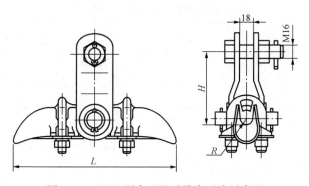

图 2－4　CGU 固定型悬垂线夹型式示意图

（2）带碗头挂板的 CGU 固定型悬垂线夹。加碗头挂板悬垂线夹在悬垂线夹上加装与绝缘子配套用的碗头挂板，不但可以缩短绝缘子串长度，而且可以减少挂板弯矩。适用于安装大截面的钢芯铝绞线及包缠预绞式线条的钢芯铝绞线。CGU 固定型悬垂线夹（带碗头挂板）尺寸和型式示意图分别见表 2-16 和图 2-5。

表 2-16　　　　　CGU 固定型悬垂线夹（带碗头挂板）尺寸

型号	适用绞线直径范围（包括加包缠物，mm）	主要尺寸(mm)			标称破坏载荷(kN)	参考重量(kg)
		H	L	R		
CGU-5A	23.0～33.0	157	300	17	70	5.7
CGU-6A	34.0～45.0	163	300	23	70	6.1

注　C—悬垂线夹；G—固定；U—U 形螺丝；数字—适用导线组合号；附加字 A—带碗头挂板。

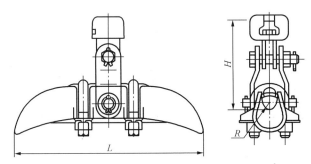

图 2-5　CGU 固定型悬垂线夹（带碗头挂板）型式示意图

（3）带 U 形挂板的 CGU 固定型悬垂线夹。适用于安装大截面的钢芯铝绞线或包缠有预绞式护线条的钢芯铝绞线。CGU 固定型悬垂线夹（带 U 形挂板）尺寸和型式示意图分别见表 2-17 和图 2-6。

表 2-17　　　　　CGU 固定型悬垂线夹（带 U 形挂板）尺寸

型号	适用绞线直径范围（包括加包缠物，mm）	主要尺寸(mm)			标称破坏载荷(kN)	参考重量(kg)
		H	L	R		
CGU-5B	23.0～33.0	137	300	17	70	5.4
CGU-6B	34.0～45.0	130	300	23	70	5.8

注　C—悬垂线夹；G—固定；U—U 形螺丝；数字—适用导线组合号；附加字母 B—带 U 型挂板。

（4）CGF 防晕型悬垂线夹。线夹各部分以圆弧形过渡，可有效地提高电晕临界电压，避免或减弱电晕的发生及强度。

CGF 防晕型下垂式悬垂线夹尺寸和型式示意图分别见表 2-18 和图 2-7。

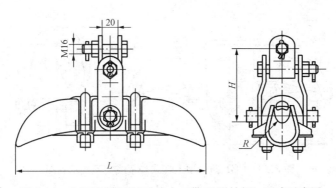

图 2-6　CGU 固定型悬垂线夹（带 U 形挂板）型式示意图

表 2-18　　　　　　　　　CGF 防晕型下垂式悬垂线夹尺寸

型号	适用绞线直径范围（包括加包缠物,mm）	主要尺寸(mm)				标称破坏载荷(kN)	参考重量(kg)
		C	H	L	R		
CGF-5C	24.2～33.0	18	147	300	17.0	70	3.55
CGF-6C	34.0～45.0	20	140	300	23.0	90	4.00

注　C—悬垂线夹；G—固定；F—防晕；数字—适用导线组合号；附加字母 C—下垂式。

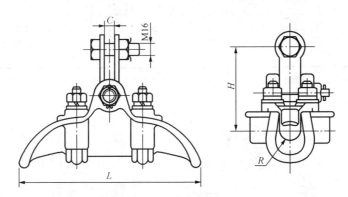

图 2-7　CGF 防晕型下垂式悬垂线夹型式示意图

CGF 防晕型上扛式悬垂线夹尺寸和型式示意图分别见表 2-19 和图 2-8。

表 2-19　　　　　　　　　CGF 防晕型上扛式悬垂线夹尺寸

型号	适用绞线直径范围（包括加包缠物,mm）	主要尺寸(mm)				标称破坏载荷(kN)	参考重量(kg)
		C	H	L	R		
CGF-5K	24.2～33.0	24	50	300	17.0	70	2.38

注　C—悬垂线夹；G—固定；F—防晕；数字—适用导线组合号；附加字母 K—上扛式。

25

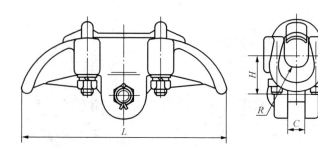

图 2-8 CGF 防晕型上扛式悬垂线夹型式示意图

（5）提包式悬垂线夹。CGH 提包式悬垂线夹（铝合金）尺寸和型式示意图分别见表 2-20 和图 2-9。

表 2-20   CGH 提包式悬垂线夹（铝合金）尺寸

型号	适用绞线直径范围（包括加包缠物,mm）	主要尺寸(mm)				标称破坏载荷（kN）	参考重量（kg）
		L	H	R	C		
CGH-3T	12.4～17.0	220	65	9.5	22	40	1.5
CGH-4T	19.0～21.5	250	70	12	27	40	2.2
CGH-5T	24.2～33.0	300	85	17	33	70	2.8
CGH-6T	34.0～45.0	300	90	23	36	70	3.5

注 C—悬垂线夹；G—固定；H—铝合金；数字—适用导线组合号；附加字母 T—提包式。

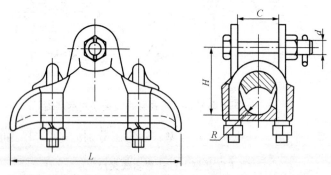

图 2-9 CGH 提包式悬垂线夹（铝合金）型式示意图

（6）加强型悬垂线夹（铝合金）。CGJ 加强型悬垂线夹（铝合金）尺寸和型式示意图分别见表 2-21 和图 2-10。

表 2-21   CGJ 加强型悬垂线夹（铝合金）尺寸

型号	适用绞线直径范围（包括加包缠物,mm）	主要尺寸(mm)				标称破坏载荷（kN）	参考重量（kg）
		d	H	R	L		
CGJ-2	11.0～13.0	18	52	8	300	100	3.8
CGJ-5	23.0～43.0	22	56	22	390	120	9

注   C—悬垂线夹；G—固定；J—加强型；数字—适用导线组合号。

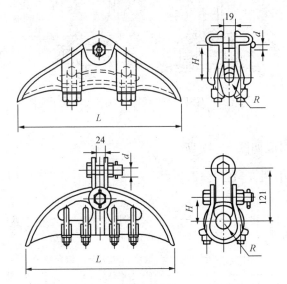

图 2-10   CGJ 加强型悬垂线夹型式示意图

（7）CSH 型垂直排列双线夹。垂直排列双悬垂线夹在 220kV 线路采用二分裂导线呈垂直排列布置时，虽然增加了杆塔高度，但不需装间隔棒，可减少维护工作量。

与二分裂导线垂直排列布置相适应的线夹是由两个普通的船体吊挂在一副整体钢制挂板上构成，这种悬挂的垂直排列线夹可以单独在挂板上转动，受到风荷载时，线夹与绝缘子一起摆动。

CSH 型垂直排列双线夹尺寸和型式示意图分别见表 2-22 和图 2-11。

表 2-22   CSH 型垂直排列双线夹尺寸

型号	配套线夹	适用绞线外径范围（mm）	主要尺寸(mm)			标称破坏载荷（N）
			C	H	R	
CSH-4	CGH-4T	19.0～21.5	29	250	13.5	40
CSH-5	CGH-5T	24.2～33.0	33	250	17.0	70
CSH-6	CGH-6T	34.0～45.0	36	300	23.0	100

注   C—悬垂；S—双线夹；H—铝合金；数字—适用导线组合号。

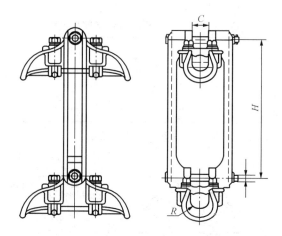

图 2-11　CSH 型垂直排列双线夹型式示意图

6. 型号标记

型号标记的组成如图 2-12 所示。

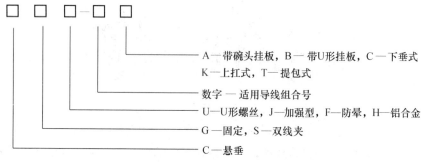

图 2-12　型号标记的组成

（二）耐张线夹

此处所指耐张线夹为架空线路、配电线路、变电站及发电厂配电装置的耐张杆塔上导线、地线终端固定及杆塔拉线终端固定用耐张线夹。

耐张线夹用于将导线固定在非直线杆塔的耐张绝缘子串上，以及将避雷线固定在非直线杆塔上。

1. 型式及分类

耐张线夹按其结构和安装方法主要分为压缩型、螺栓形、楔形和预绞式耐张线夹。

（1）压缩型耐张线夹。用于导线的压缩型耐张线夹，一般由铝（铝合金）管与钢锚组成，钢锚用来接续和锚固导线的钢芯，铝（铝合金）管用来接续导线的铝（铝合金）线部分，以压力使铝（铝合金）管及钢锚产生塑性变形，从而使线夹与导线结合为一整体。必要时，在铝（铝合金）管内可增加铝（铝合金）套管，以满足电气性能的要求。

用于地线的压缩型耐张线夹，一般由钢锚直接构成，若买方有要求，则可以加铝保护套。

压缩型耐张线夹的安装一般分液压和爆压两种方式，其连接型式有环型连接与槽型连接两种。图2-13为压缩型耐张线夹的典型结构形式。

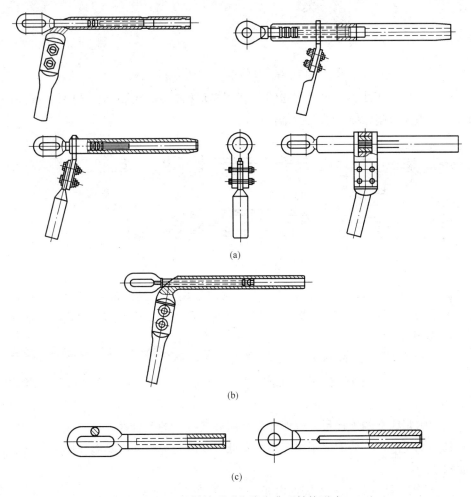

(a)

(b)

(c)

图2-13 压缩型耐张线夹典型结构形式

(a) 导线用液压型耐张线夹；(b) 导线用爆压型耐张线夹；(c) 地线用液压型耐张线夹

（2）螺栓形耐张线夹。螺栓形耐张线夹是利用U形螺丝的垂直压力，引起压块与线夹的线槽对导线产生的摩擦力来固定导线。图2-14为螺栓形耐张线夹的典

29

型结构形式。

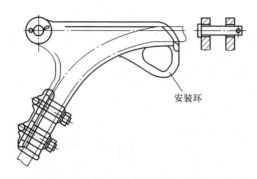

安装环

图 2-14 螺栓形耐张线夹典型结构形式

（3）楔形耐张线夹。楔形耐张线夹利用楔形结构将导线、地线锁紧在线夹内。图 2-15 为楔形耐张线夹的典型结构形式。

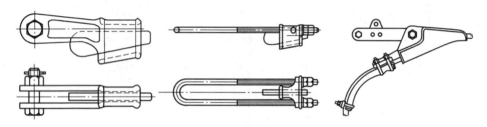

图 2-15 楔形耐张线夹典型结构形式

（4）预绞式耐张线夹。预绞式耐张线夹由金属预绞丝及配套附件组成，将导线、地线张拉在耐张杆塔上。图 2-16 为预绞式耐张线夹典型结构形式。

2. 技术要求

（1）耐张线夹一般技术条件应符合 GB/T 2314—2008 的规定，并按设计图样 图 2-16 预绞式耐张线夹典型结构形式 制造。

（2）耐张线夹的连接尺寸应保证与其所连接金具的配合性。

（3）承受电气负荷的耐张线夹不应降低导线的导电能力，其电气性能应满足如下要求。

1）导线接续处两端点之间的电阻，对于压缩型耐张线夹，不应大于同样长度导线的电阻；对于非压缩型耐张线夹，不应大于同样长度导线电阻的 1.1 倍。

2）导线接续处的温升不应大于被接续导线的温升。

3）耐张线夹的载流量不应小于被安装导线的载流量。

（4）耐张线夹握力强度应满足 GB/T 2314—2008 的要求，其与导线、地线计算拉断力之比不应小于表 2-23 中的规定。

表 2-23　　　　　耐张线夹握力与导线、地线计算拉断力的百分比

金具类别	百分比（%）	金具类别	百分比（%）
压缩型耐张线夹	95	配电线路用耐张线夹	65
预绞式耐张线夹	95	绝缘线用耐张线夹（剥皮）	65
螺栓形耐张线夹	90	变电站用耐张线夹	65
楔形耐张线夹	90		

（5）非压缩型耐张线夹的弯曲延伸部分，与承受张力的导线、地线相互接触时，此弯曲延伸部分出口处的曲率半径不应小于被安装导线、地线直径的 8 倍。

（6）所有压缩型耐张线夹应使内部孔隙为最小，以防止运行中潮气侵入。

（7）耐张线夹与导线、地线的连接处，应避免两种不同金属间产生的双金属腐蚀问题。

（8）耐张线夹应考虑安装后，在导线、地线与金具接触区域，不应出现由于微风振动、振荡或其他因素引起应力过大导致的导线、地线损坏现象。

（9）耐张线夹应避免或减少应力集中现象，防止导线、地线发生过大的金属冷变形。

（10）压缩型耐张线夹钢锚非压缩部分的强度不应小于导线、地线计算拉断力的 105%，或应符合需方要求。

（11）螺栓形耐张线夹强度不应小于导线计算拉断力的 105%，或应符合需方要求。

（12）压缩型耐张线夹应在管材外表面标注压缩部位及压缩方向。

（13）可锻铸铁本体、附件及所有黑色金属紧固件均应热镀锌。

（14）螺栓形耐张线夹强度不小于导线计算拉断力的 105%，或符合买方要求；拉耳环强度不小于导线计算拉断力的 65%。

（15）压缩型耐张线夹钢锚（非压缩部分）的强度不小于导线计算拉断力的 105% 或符合买方要求。

（16）压缩型耐张线夹引流板采用氩弧焊接，焊缝应封头均匀呈鱼鳞状，不允许有气孔、裂纹、漏焊等缺陷，焊缝高度应符合图样要求。

（17）铝管表面不应有裂纹、划伤、剥层及碰伤等缺陷。

（18）铝板表面应平整、无划伤，剪切周边应倒棱、去刺，焊接时不应咬伤电气接触面。

（19）耐张线夹钢锚应采用整锻工艺，非加工表面锻印深度不大于 1mm，宽度不大于 3mm，不允许有裂纹、剥层及氧化皮存在。

（20）钢锚采用热镀锌，钢管孔镀锌后应回锌。

（21）钢锚椭圆环在加工时，不允许在钢锚椭圆环端打中心孔。

（22）钢管出口端应去刺、倒圆角。

（23）可调型楔形线夹及压缩型线夹的 U 形螺丝无扣杆段的直径，应不小于外螺纹中径。

（24）螺栓形耐张线夹的 U 形螺丝无扣杆段的直径，允许小于外螺纹直径，但不能小于螺纹底径。

（25）螺纹应光整，不允许缺牙。

3. 材料及工艺

（1）耐张线夹采用的材质及工艺应满足设计图样或需方的要求。用可锻铸铁制造的耐张线夹及配件按 GB/T 9440—2010 的规定执行，抗拉强度不应低于 330MPa，伸长率不应低于 8%；用铸造铝合金制造的耐张线夹及配件按 GB/T 1173—1995 的规定执行。

（2）压缩型耐张线夹铝管及引流线夹按 GB/T 3190—2008 的规定执行，抗拉强度不应低于 80MPa，伸长率不应低于 12%，铝管其他技术要求应符合 GB/T 4437.1—2000《铝及铝合金热挤压管　第 1 部分：天缝圆管》的规定。

（3）压缩型耐张线夹铝合金管按 GB/T 3190—2008 的规定执行，抗拉强度不应低于 160MPa，伸长率不应低于 12%，铝合金管其他技术要求应符合 GB/T 4437.1—2010 的规定。

（4）引流板按 GB/T 3880.1—2006《一般工业用铝及铝合金板、带材　第 1 部分：一般要求》、GB/T 3880.2—2006《一般工业用铝及铝合金板、带材　第 2 部分：力学性能》和 GB/T 3880.3—2006《一般工业用铝及铝合金板、带材　第 3 部分：尺寸偏差》的规定执行。

（5）耐张线夹钢锚按 GB/T 699—1999《优质碳素结构钢》或 GB/T 700—2006 选用的材质及工艺应满足设计图样或需方的要求，布氏硬度不应大于 HB156。

（6）所有用黑色金属制造的部件及附件均应采用热镀锌进行防腐处理，经供需双方同意，也可采用其他方法获得等效的防腐性能。钢锚的钢管内壁应无锌层。

（7）压缩型耐张线夹钢锚一般应整体锻造。

（8）耐张线夹表面应光滑，不应有裂纹、叠层和起皮等缺陷；管材表面的擦伤、划伤、压痕、挤压流纹深度不应超过其内径或外径允许的偏差范围。

（9）引流板表面应平整，周边及孔边应倒棱去刺，焊接时不应灼伤电气接触面。

（10）钢管中心同轴度公差不应大于 0.8mm。

（11）耐张线夹引流板采取双面接触型式时，引流管之平板端与引流板的安装间隙不应大于 0.8mm。

（12）铝管、铝合金管及钢管出口端应去刺并倒圆角。

（13）耐张线夹制造质量应符合以下要求。

1）可锻铸铁件制造质量应符合 DL/T 768.1—2002《电力金具制造质量　可锻铸铁件》的规定。

2）锻制件制造质量应符合 DL/T 768.2—2002《电力金具制造质量　锻制件》的规定。

3）冲压件制造质量应符合 DL/T 768.3—2002《电力金具制造质量　冲压件》的规定。

4）球墨铸铁件制造质量应符合 DL/T 768.4—2002《电力金具制造质量　球墨铸铁件》的规定。

5）铝制件制造质量应符合 DL/T 768.5—2002《电力金具制造质量　铝制件》的规定。

6）焊接件制造质量应符合 DL/T 768.6—2002《电力金具制造质量　焊接件》的规定。

7）热镀锌件制造质量应符合 DL/T 768.7—2002《钢铁件热镀锌层》的规定。

4. 试验方法及验收规则

（1）耐张线夹的试验方法按 GB/T 2317.1—2008、GB/T 2317.2—2008 和 GB/T 2317.3—2008 的规定执行。耐张线夹的机械试验在热循环试验之后进行。

（2）热镀锌的锌层检验按 DL/T 768.7—2002 的规定执行。

（3）耐张线夹的验收按 GB/T 2317.4—2008 的规定执行。

5. 主要尺寸

（1）拉线线夹。拉线线夹包括 NE 型楔形线夹（不可调）、NUT 型楔形线夹（可调）及 NLY 型液压拉线线夹三种。

NE 型楔形耐张线夹结构形式和主要尺寸分别见图 2-17 和表 2-24。

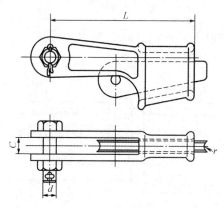

图 2-17　NE 型楔形耐张线夹结构形式

表 2-24　　　　　　　　　　NE 型楔形耐张线夹主要尺寸

型号	适用钢绞线		主要尺寸(mm)				标称破坏载荷(kN)
	截面(mm²)	外径(mm)	C	d	L	r	
NE-1	25～30	6.6～7.8	28	16	150	6.0	45
NE-2	50～70	9.0～11.0	20	18	180	7.3	88

注　N—耐张线夹；E—楔形；数字—产品序号。

NUT 型楔形可调耐张线夹结构形式和主要尺寸分别见图 2-18 和表 2-25。

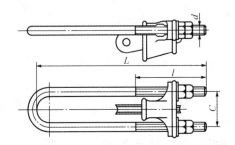

图 2-18　NUT 型楔形可调耐张线夹结构形式

表 2-25　　　　　　　　　　**NUT 型楔形可调耐张线夹主要尺寸**

型号	适用钢绞线		主要尺寸(mm)				标称破坏载荷(kN)
	截面(mm²)	外径(mm)	d	L	l	C	
NUT-1	25～30	6.6～7.8	18	370	200	56	45
NUT-2	50～70	9.0～11.0	20	452	250	62	88

注　N—耐张线夹；U—U 形；T—可调；数字—产品序号。

NLY 型螺栓形（液压）拉线耐张线夹结构形式和主要尺寸分别见图 2-19 和表 2-26。

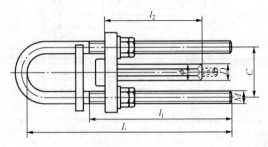

图 2-19　NLY 型螺栓形（液压）拉线耐张线夹结构形式

表 2-26 　　　　　　　NLY 型螺栓形（液压）拉线耐张线夹主要尺寸

型号	适用钢绞线直径 (mm)	主要尺寸(mm)							握力强度不小于 (kN)
		C	D	ϕ	M	L	l_1	l_2	
NLY-100GB	13.0	84	26	13.7	22	420	300	210	120
NLY-120GB	14.0	94	28	14.7	24	480	340	220	140
NLY-135GB	15.0	94	30	15.7	24	480	340	240	155
NLY-10GC	13.0	84	28	13.7	22	420	300	220	130
NLY-125GC	14.5	96	32	15.2	24	480	340	250	165
NLY-150GC	16.0	104	34	16.7	27	550	380	270	200

注　N—耐张线夹；L—拉线；Y—液压压接；数字—适用钢绞线截面积；G—钢绞线；B—钢绞线抗拉强度为 1225N/mm²；C—钢绞线抗拉强度为 1370N/mm²。

（2）螺栓形耐张线夹。

螺栓形铝合金耐张线夹结构形式和主要尺寸分别见图 2-20 和表 2-27。

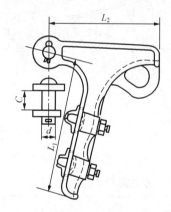

图 2-20　螺栓形铝合金耐张线夹结构形式

表 2-27 　　　　　　　　螺栓形铝合金耐张线夹主要尺寸 　　　　　　　　　　　（mm）

型号	适用绞线直径范围	外形尺寸				U 形螺丝		使用范围
		C	d	L_1	L_2	个数	直径	
NLL-16	5.0～11.50	16	16	115	140	2	M12	配电线路用,握力应不小于导线计算拉断力的 65%
NLL-19	7.5～15.75	19	16	120	160	2	M12	
NLL-22	8.16～18.90	22	16	125	170	2	M12	
NLL-29	11.4～21.66	29	16	130	200	2	M12	

续表

型号	适用绞线直径范围	外形尺寸				U形螺丝		使用范围
		C	d	L_1	L_2	个数	直径	
NLL-18	5.10~14.50	18	16	185	200	3	M12	输电线路用,握力应不小于导线计算拉断力的95%
NLL-21	7.75~18.70	21	16	225	220	4	M12	
NLL-27	12.48~21.66	27	16	275	290	4	M16	
NLL-35	18.00~30.00	35	24	400	350	5	M16	
NLL-32	12.48~25.2	32	16	160	240	2	M12	变电所用,握力应不小于导线计算拉断力的65%
NLL-42	19.00~33.6	42	16	265	360	3	M16	

注 N—耐张线夹;L—螺栓;L—铝合金;数字—产品序号。

螺栓形耐张线夹结构形式和主要尺寸分别见图2-21和表2-28。

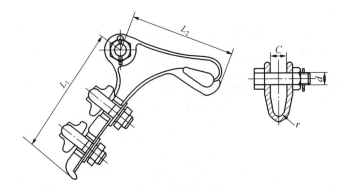

图2-21 螺栓形耐张线夹结构形式

表2-28 螺栓形耐张线夹主要尺寸 (mm)

型号	适用绞线直径范围	主要尺寸					U形螺丝	
		d	C	L_1	L_2	r	个数	直径
NL-1	5.0~10.0	16	18	150	120	6.5	2	12
NL-2	10.1~14.0	16	18	205	130	8.0	3	12
NL-3	14.1~18.0	18	22	310	100	11.0	4	16
NL-4	18.1~23.0	18	25	410	220	12.5	4	16

注 N—耐张线夹;L—螺栓;数字—产品序号。

(3) 液压型耐张线夹。

液压型地线用耐张线夹结构形式和主要尺寸分别见图2-22和表2-29。

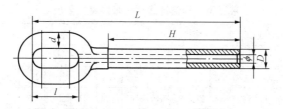

图 2-22　液压型地线用耐张线夹结构形式

表 2-29	液压型地线用耐张线夹主要尺寸						(mm)
型号	适用钢绞线直径	主要尺寸					
		ϕ	D	d	H	l	L
NY-35GB	7.8	8.4	16	16	115	50	195
NY-50GB	9.0	9.7	18	16	130	50	210
NY-55GB	9.6	10.2	20	16	140	50	220
NY-70GB	11.0	11.7	22	18	155	55	245
NY-80GB	11.5	12.2	24	18	170	55	260
NY-100GB	13.0	13.7	26	20	185	65	290
NY-120GB	14.0	14.7	28	22	195	70	310
NY-135GB	15.0	15.7	30	22	215	70	330
NY-100GC	13.0	13.7	28	22	220	70	325
NY-125GC	14.5	15.2	32	24	250	80	360
NY-150GC	16.0	16.7	34	24	270	80	395

注　1. N—耐张线夹；Y—压缩（液压或爆压）；数字—钢绞线截面积；G—钢绞线；B—钢绞线抗拉强度为
　　　1225N/mm^2；C—钢绞线抗拉强度为 1370/mm^2。
　　2. 液压型地线用耐张线夹(NY-G)也可用作爆压型地线用耐张线夹(NB-G)，两者相同。

液压型良导体地线用耐张线夹外形和尺寸和主要尺寸分别见图 2-23 和表2-30。

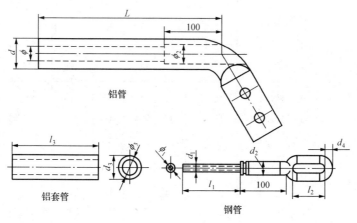

图 2-23　液压型良导体地线用耐张线夹外形和尺寸

表 2-30　　　　　液压型良导体地线用耐张线夹主要尺寸　　　　　（mm）

型号	适用导线		铝管				钢管						铝套管		
	型号	外径	d	ϕ	ϕ_2	L	D_1	ϕ_1	d_2	d_4	l_1	l_2	d_3	ϕ_3	l_3
NY-50/30	LGJ-50/30	11.60	26	16	18	280	14	7.4	17	16	105	55	15	12.5	75
NY-70/40	LGJ-70/40	13.60	32	20	22	310	18	8.8	21	16	120	55	19	14.2	90
NY-95/55	LGJ-95/55	16.00	34	22	24	345	20	9.3	23	18	140	60	21	17.0	105
NY-120/70	LGJ-120/70	18.00	36	24	26	375	22	11.5	25	18	155	60	23	19.0	120

　　NY-150~400 液压型钢芯铝绞线用耐张线夹结构形式和主要尺寸分别见图 2-24 和表 2-31。

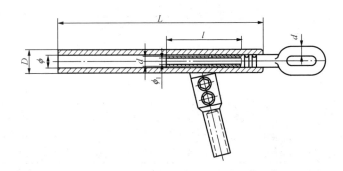

图 2-24　NY-150~400 液压型钢芯铝绞线用耐张线夹结构形式

表 2-31　　　　NY-150~400 液压型钢芯铝绞线用耐张线夹主要尺寸　　　　（mm）

型号	适用导线		主要尺寸						
	型号	外径	D	d	d_1	L	l	ϕ	ϕ_1
NY-150/20	LGJ-150/20	16.67		12		290	75	18.0	6.2
NY-150/25	LGJ-150/25	17.10	30	14	16	300	85	18.5	7.0
NY-150/35	LGJ-150/35	17.50		16		320	105	19.0	8.2
NY-185/25	LGJ-185/25	18.90		14	16	310	85	20.5	7.0
NY-185/30	LGJ-185/30	18.88	32	14	16	320	95	20.5	7.6
NY-185/45	LGJ-185/45	19.60		18	18	340	115	21.0	9.0
NY-210/25	LGJ-210/25	19.98		14	16	330	95	21.5	7.3
NY-210/35	LGJ-210/35	20.38	34	16	18	340	105	22.0	8.2
NY-210/50	LGJ-210/50	20.86		18	18	360	125	22.5	9.6

续表

型号	适用导线		主要尺寸						
	型号	外径	D	d	d_1	L	l	ϕ	ϕ_1
NY - 240/30	LGJ - 240/30	21.60		16	18	390	100	23.0	7.0
NY - 240/40	LGJ - 240/40	21.66	36	16	18	390	110	23.0	8.7
NY - 240/55	LGJ - 240/55	22.40		20	20	420	130	24.0	10.3
NY - 300/15	LGJ - 300/15	23.01	40	14	16	385	70	24.5	5.7
NY - 300/20	LGJ - 300/20	23.43	40	14	18	390	80	25.0	6.5
NY - 300/25	LGJ - 300/25	23.76	40	14	18	400	90	25.5	7.3
NY - 300/40	LGJ - 300/40	23.94	40	16	18	420	110	25.5	8.7
NY - 300/50	LGJ - 300/50	24.26	40	18	20	430	120	26.0	9.0
NY - 300/70	LGJ - 300/70	25.20	42	22	22	460	140	27.0	11.5
NY - 400/20	LGJ - 400/20	26.91	45	14	18	425	80	28.5	6.5
NY - 400/25	LGJ - 400/25	26.64	45	14	18	435	90	28.5	7.3
NY - 400/35	LGJ - 400/35	26.82	45	16	20	440	100	28.5	8.2
NY - 400/50	LGJ - 400/50	27.63	45	20	22	460	120	29.5	9.9
NY - 400/65	LGJ - 400/65	28.00	48	22	22	480	140	29.5	11.0
NY - 400/95	LGJ - 400/95	29.14	48	26	24	520	170	31.0	13.2

注　N—耐张线夹；Y—压缩型；数字—铝截面/钢截面。

　　NY - 500～800 液压型钢芯铝绞线用耐张线夹结构形式和主要尺寸分别见图 2 - 25和表 2 - 32。

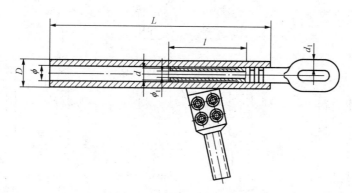

图 2 - 25　NY - 500～800 液压型钢芯铝绞线用耐张线夹结构形式

表 2 - 32　　　　　NY - 500～800 液压型钢芯铝绞线用耐张线夹主要尺寸　　　　　（mm）

型号	适用导线		外形尺寸						
	型号	外径	D	d	d_1	L	l	ϕ	ϕ_1
NY - 500/35	LGJ - 500/35	30.00	52	16	22	480	100	31.5	8.2
NY - 500/45	LGJ - 500/45	30.00	52	18	22	480	110	31.5	9.1
NY - 500/65	LGJ - 500/65	30.96	52	22	22	510	140	32.5	11.0
NY - 630/45	LGJ - 630/45	33.60	60	18	22	490	110	35.5	9.1
NY - 630/55	LGJ - 630/55	34.32	60	20	24	510	130	36.0	10.3
NY - 630/80	LGJ - 630/80	34.82	60	24	24	550	160	36.5	12.3
NY - 800/55	LGJ - 800/55	38.40	65	20	24	580	130	40.0	10.3
NY - 800/70	LGJ - 800/70	38.58	65	22	26	580	145	40.5	11.5
NY - 800/100	LGJ - 800/100	38.98	65	26	26	610	180	40.5	13.7

注　N—耐张线夹；Y—压缩型；数字—铝截面/钢截面。

（三）连接金具

此处所指连接金具为额定电压 10kV 及以上架空线路、变电站及发电厂配电装置用连接金具。对在严重腐蚀、污秽的环境、高海拔地区、高寒地区等条件下使用的连接金具，尚应满足其他相关标准的规定。

连接金具是用于将绝缘子、悬垂线夹、耐张线夹及保护金具等连接组合成悬垂或耐张串组的金具。

1. 结构形式

（1）球头挂环（球头挂板）典型结构形式如图 2 - 26 所示。

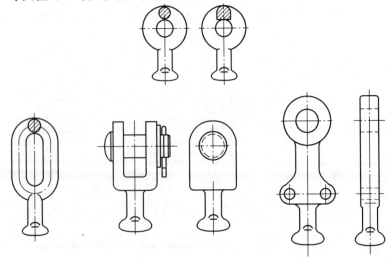

图 2 - 26　球头挂环（球头挂板）典型结构形式

（2）碗头挂板（单板、双板）典型结构形式如图 2-27 所示。

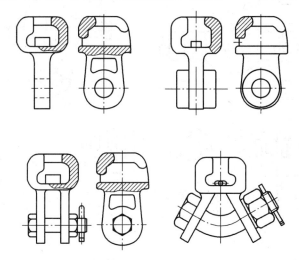

图 2-27 碗头挂板（单板、双板）典型结构形式

（3）U 形挂环典型结构形式如图 2-28 所示。

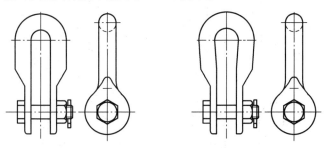

图 2-28 U 形挂环典型结构形式

（4）挂环典型结构形式如图 2-29 所示。

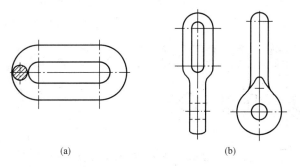

(a)   (b)

图 2-29 挂环典型结构形式

(a) 延长环；(b) 直角环

（5）挂板典型结构形式如图 2 - 30 所示。

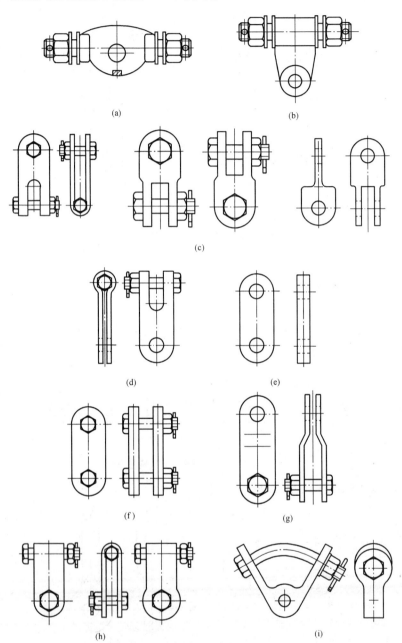

图 2 - 30　挂板典型结构形式

　（a）GD 型挂点金具；（b）耳轴挂板；（c）Z 型挂板；（d）ZS 型挂板；（e）PD 型挂板；

　（f）P 型挂板；（g）PS 型挂板；（h）UB 型挂点金具；（i）V 型挂点金具

（6）延长拉杆典型结构形式如图 2 - 31 所示。

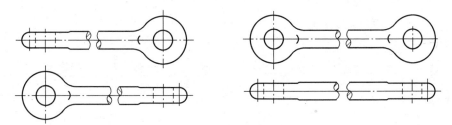

图 2 - 31　延长拉杆典型结构形式

（7）调整板典型结构形式如图 2 - 32 所示。

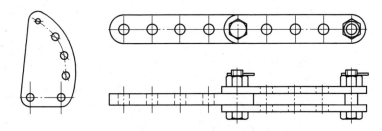

图 2 - 32　调整板典型结构形式

（8）牵引板典型结构形式如图 2 - 33 所示。

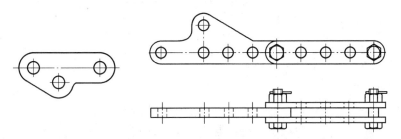

图 2 - 33　牵引板典型结构形式

（9）U 形螺丝典型结构形式如图 2 - 34 所示。

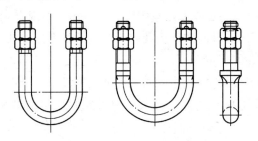

图 2 - 34　U 形螺丝典型结构形式

（10）联板典型结构形式如图 2-35 所示。

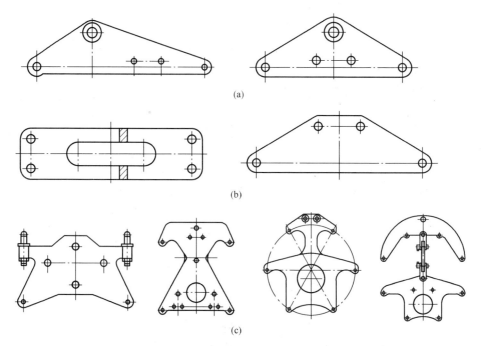

图 2-35　联板典型结构形式
（a）L形联板；（b）方形联板；（c）悬垂联板

2. 技术要求

（1）连接金具一般技术条件应符合 GB/T 2314—2008 的规定，并按规定程序批准的图样制造。

（2）连接金具的标称载荷、连接型式及尺寸应符合 GB/T 2315—2008 的规定。

（3）连接金具应承受安装、维修及运行中可能出现的机械载荷及环境条件等各种情况的考验。

（4）连接金具的连接部件应有锁紧装置，保证在运行中不松脱，锁紧销应符合 DL/T 764.2—2001《电力金具专用紧固件　闭口销》的规定。

（5）球头挂环、球头挂板的球头及碗头挂板的球窝连接部位的尺寸和偏差应符合 GB/T 4056—2008 的规定。

（6）连接金具的挂耳螺栓孔中心同轴度公差不大于 1mm。

（7）连接金具受剪螺栓的螺纹进入受力板件的长度不得大于受力板件壁厚的 1/3。

（8）U 形挂坏两挂耳螺栓孔中心同轴度公差小于 1mm。

（9）板厚 12mm 及以下螺栓孔允许冲制，板厚大于 12mm 不允许冲孔。孔边缘应倒角。

（10）气割下料的板件切割面应与板面垂直，周边倒棱去刺。

（11）U 形螺栓的螺纹部分及杆件均不允许缩径。

（12）所有黑色金属制造的连接金具及紧固件均应热镀锌。

（13）除 U 形螺栓外，其他连接金具的破坏载荷均不应小于该金具型号标称载荷值。

7 型不小于 70kN；	10 型不小于 100kN；
12 型不小于 120kN；	16 型不小于 160kN；
21 型不小于 210kN；	25 型不小于 250kN；
30 型不小于 300kN；	50 型不小于 500kN。

（14）其他同其他金具。

3. 材料及工艺

（1）连接金具的材料及工艺应符合 GB/T 2314—2008 的规定及设计图样的要求。

1）采用优质碳素结构钢制造的连接金具应符合 GB/T 699—1999 的规定；采用碳素结构钢制造的连接金具应符合 GB/T 700—2006 的规定；采用低合金高强度结构钢制造的连接金具应符合 GB/T 1591—2008《低合金高强度结构钢》的规定；采用合金结构钢制造的连接金具应符合 GB/T 3077—1999《合金结构钢》的规定；采用可锻铸铁制造的连接金具应符合 GB/T 9440—2010《可锻铸铁件》的规定；采用球墨铸铁制造的连接金具应符合 GB/T 1348—2009 的规定；制造连接金具的材料强度应符合 GB/T 2315—2008 的规定；钢及合金钢的伸长率应不低于 12%，可锻铸铁的伸长率应不低于 8%，球墨铸铁的伸长率应不低于 10%。

2）连接金具应避免采用有冷脆性的材料。

3）连接金具紧固件应符合以下标准：GB/T 41—2000《六角螺母 C 级》；GB/T 93—1987《标准型弹簧垫圈》；GB/T 95—2002《平垫圈 C 级》；GB/T 5780—2000《六角头螺栓 C 级》；DL/T 764.1—2001《电力金具专用紧固件　六角头带销孔螺栓》；DL/T 764.2—2001《电力金具专用紧固件　闭口销》；DL/T 284—2012《输电线路杆塔及电力金具用热浸镀锌螺栓与螺母》。

（2）连接金具周边及螺栓孔周边应倒棱去刺。气割下料的板件切割面应与板面垂直，板厚大于 12mm 的连接金具螺栓孔不应冲制。

（3）连接金具的弯曲加工和扭曲加工均应热成形。应根据连接金具的结构和材料选择适宜的加热温度，热成形弯曲的最小内径不应小于被弯钢板的厚度。

（4）采用冷成形加工的 U 形连接金具，其曲率半径不应小于板材厚度或棒材直径的 2.5 倍。

（5）采用冷加工弯曲成形的连接金具部件应进行退火处理，以消除应力。

（6）连接金具紧固件的外螺纹和内螺纹应在镀锌前加工，外螺纹不应缩小螺纹外径；内螺纹在加工时可适量加大，镀锌后不应切削回丝，并且满足 GB/T 197—2003《普通螺纹　公差》规定的 7H/8g 配合精度的要求。U 形螺丝和承受剪切力的螺杆不应缩径；不承受剪切力的螺杆，其缩杆径不应小于螺纹中径。

（7）采用黑色金属制造的连接金具，应采用热镀锌进行防腐处理，也可按供需双方商定的其他方法获得等效的防腐性能。

（8）连接金具表面应光滑，不应有裂纹、叠层、起皮、缩松、返酸、铸渣、锌刺等缺陷。

（9）连接金具的制造质量应符合以下标准：可锻铸铁件制造质量应符合 DL/T 768.1—2002 的规定；锻制件制造质量应符合 DL/T 768.2—2002 的规定；冲压件制造质量应符合 DL/T 768.3—2002 的规定；球墨铸铁件制造质量应符合 DL/T 768.4—2002 的规定；铝制件制造质量应符合 DL/T 768.5—2002 的规定；焊接件制造质量应符合 DL/T 768.6—2002 的规定；热镀锌件制造质量应符合 DL/T 768.7—2002 的规定。

4. 主要尺寸

（1）球头挂环。Q 型、QP 型、QH 型挂环结构形式及主要尺寸分别见图 2-36 和表 2-33。

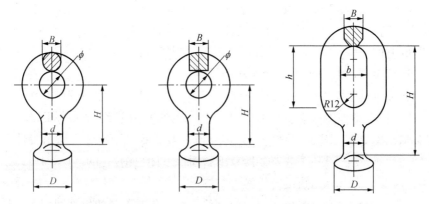

图 2-36　Q 型、QP 型、QH 型挂环结构形式

表 2-33				Q 型、QP 型、QH 型挂环主要尺寸				（mm）
型号	连接标记	B	b	d	D	ϕ	H	h
Q-7	16	16	—	17	33.3	22	50	—
QP-7	16	16		17	33.3	18	50	
QP-10	16	16		17	33.3	20	50	
QP-12	16	16		17	33.3	24	50	
QP-16	20	20	—	21	41.0	26	60	—
QP-20	24	24		25	49.0	30	80	
QP-21	20	20		21	41.0	30	80	
QP-30	24	28		25	49.0	39	80	
QH-7	16	16	24	17	33.3	—	100	57

注 Q—球头；P—平面接触；H—椭圆环；数字—标称破坏载荷标记。QP-20 为原产品系列型号，暂保留，连接标记 24；QP-21 为新产品系列型号，连接标记 20。

（2）碗头挂板。碗头挂板结构形式和主要尺寸分别见图 2-37 和表 2-34～表2-36。

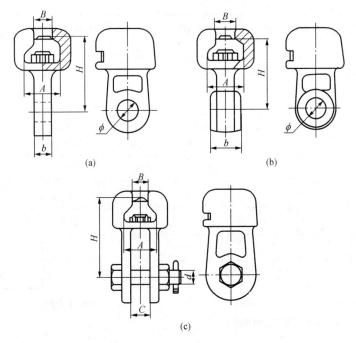

图 2-37　碗头挂板结构形式

（a）W 型碗头挂板；（b）W 鼓型碗头挂板；（c）WS 型碗头挂板

表 2-34　　　　　　　　**W 型碗头挂板主要尺寸**　　　　　　　（mm）

型号	连接标记	b	B	A	H	ϕ
W-7A	16	16	19.2	34.5	70	20
W-7B					115	

注　W—碗头；数字—标称破坏载荷标记；附加字母 A—短；B—长。

表 2-35　　　　　　　　**W 鼓型碗头挂板主要尺寸**　　　　　　（mm）

型号	连接标记	b	B	A	H	ϕ
W-0720	16	20	19.2	34.5	70	20
W-0724		24				
W-0728		28				
W-0732		32				
W-1032	16	32	34.5	34.5	70	20
W-1045		45				

注　W—碗头；数字—前两位数字为标称破坏载荷标记，后两位数字为单联碗头板厚。

表 2-36　　　　　　　　**WS 型碗头挂板主要尺寸**　　　　　　（mm）

型号	连接标记	C	B	A	d	H
WS-7	16	18	19.2	34.5	16	70
WS-10	16	20	19.2	34.5	18	85
WS-12	16	24	19.2	34.5	22	85
WS-16	20	26	23.0	42.5	24	95
WS-20	24	30	27.5	51.0	27	100
WS-21	20	30	23.0	42.5	27	100
WS-30	24	38	27.5	51.0	36	110

注　W—碗头；S—双联；数字—标称破坏载荷标记。WS-20 为原产品系列型号，暂保留，连接标记 24；
　　WS-21 为新产品系列型号，使用连接标记 20。

　　（3）U 形挂环。U 形挂环的结构形式和主要尺寸分别见图 2-38 和表 2-37
与表 2-38。

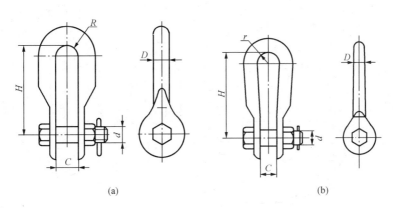

图 2-38　U 形挂环结构形式

(a) U 形挂环；(b) UL 型挂环

表 2-37		U 形挂环主要尺寸		(mm)
型号	C	d	D	H
U-7	20	16	16	80
U-10	22	18	18	85
U-12	24	22	20	90
U-16	26	24	22	95
U-21	30	27	24	1 Ⅲ
U-25	24	30	26	110
U-30	38	36	30	130
U-50	44	42	36	150

注　U—U 形；数字—标称破坏载荷标记。

表 2-38		UL 型挂环主要尺寸			(mm)
型号	C	d	D	H	r
UL-7	20	16	16	120	15
UL-10	22	18	18	140	15
UL-12	24	22	20	140	18
UL-16	26	24	22	140	19
UL-21	30	27	24	160	22

注　U—U 形；L—延长；数字—标称破坏载荷标记。

(4) 挂环。挂环的结构形式和主要尺寸分别见图 2-39 和表 2-39 与表 2-40。

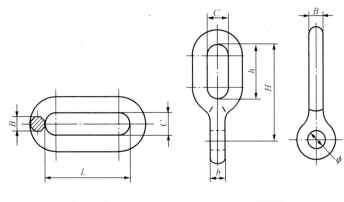

PH 型挂环   ZH 型挂环

图 2-39 挂环结构形式

表 2-39   **PH 型挂环（延长环）主要尺寸**   （mm）

型号	C	B	L
PH-7	20	16	80
PH-10	22	18	100
PH-12	24	20	120
PH-16	26	22	140
PH-21	30	24	160
PH-5	34	26	160
PH-30	38	30	180

注 P—平行；H—环；数字—标称破坏载荷标记。

表 2-40   **ZH 型挂环（直角环）主要尺寸**   （mm）

型号	C	b	B	φ	H	h
ZH-7	24	16	16	20	100	57

注 Z—直角；H—环；数字—标称破坏载荷标记。

（5）拉杆。YL 型拉杆结构形式和主要尺寸分别见图 2-40 和表 2-41。

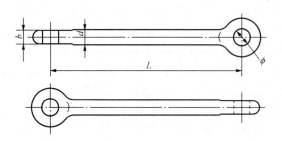

图 2-40　YL 型拉杆结构形式

表 2-41　　　　　　　　　　　　YL 型拉杆主要尺寸　　　　　　　　　　　（mm）

型号	b	φ	d	L
YL-1040	16	20	20	400
YL-1243	18	24	24	430
YL-1643	18	26	24	430
YL-2543	22	33	33	430
YL-3043	24	39	32	430

注　Y—延长；L—拉杆；数字—前两位表示标称破坏载荷标记，后两位表示标称长度（cm）。

（6）挂板。Z 型挂板结构形式和主要尺寸分别见图 2-41 和表 2-42。

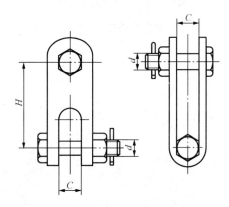

图 2-41　Z 型挂板结构形式

表 2-42　　　　　　　　　　　　Z 型挂板主要尺寸　　　　　　　　　　　（mm）

型号	C	d	H
Z-7	18	16	80
Z-10	20	18	80
Z-12	24	22	100

续表

型号	C	d	H
Z-16	26	24	100
Z-21	30	27	120
Z-25	33	30	120

注 Z—直角；数字—标称破坏载荷标记。

P型挂板结构形式和主要尺寸分别见图2-42和表2-43。

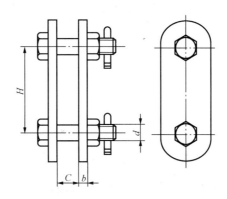

图2-42　P型挂板结构形式

表 2-43　　　　　　　　　　　P型挂板主要尺寸　　　　　　　　　　（mm）

型号	b	C	d	H
P-7	6	18	16	70
P-10	8	20	18	80
P-12	10	24	22	90
P-16	12	26	24	100
P-24				120
P-2118				180
P-2124				240
P-2130				300
P-2136	14	30	27	360
P-2142				420
P-2148				480
P-2154				540

续表

型号	b	C	d	H
P-30				120
P-3018				180
P-3024				240
P-3030	16	38	36	300
P-3036				360
P-3042				420
P-3048				480
P-3054				540
P-50				200
P-5026				260
P-5032				320
P-5038	18	44	42	380
P-5044				440
P-5050				500
P-5056				560
P-5062				620

注 P—平行；数字—前两位表示标称破坏载荷标记，后两位表示 H 值（cm）。

UB 型挂板结构形式和主要尺寸分别见图 2-43 和表 2-44。

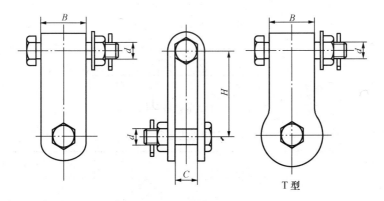

图 2-43 UB 型挂板结构形式

表 2-44　　　　　　　　　UB 型挂板主要尺寸　　　　　　　　　（mm）

型号	B	C	d	H
UB-7	45	18	16	70
UB-10	45	20	18	80
UB-12	60	24	22	100
UB-13	60	26	24	100
UB-21	70	30	27	120
UB-30	70	39	36	150
UB-12T	45	24	22	100
UB-16T	45	26	24	100
UB-21T	60	30	27	120
UB-30T	60	39	36	150

注　UB—UB 型；数字—标称破坏载荷标记；T—特殊。

PD 型挂板结构形式和主要尺寸分别见图 2-44 和表 2-45。

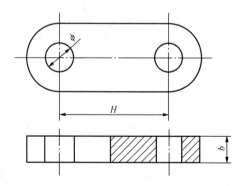

图 2-44　PD 型挂板结构形式

表 2-45　　　　　　　　　PD 型挂板主要尺寸　　　　　　　　　（mm）

型号	b	φ	H
PD-7	16	18	70
PD-10	16	20	80
PD-12	16	24	100

注　P—平行；D—单板；数字—标称破坏载荷标记。

ZS、PS型挂板结构形式和主要尺寸分别见图2-45和表2-46。

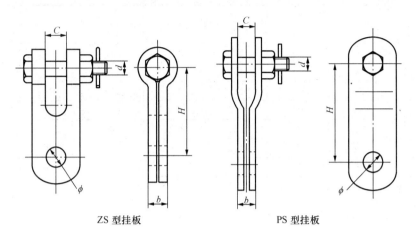

ZS型挂板   PS型挂板

图 2-45 ZS、PS型挂板结构形式

表 2-46   **ZS、PS型挂板主要尺寸**   （mm）

型号	C	b	d	ϕ	H
ZS-7	18	16	16	20	80
ZS-10	20	18	18	20	80
ZS-665	20	16	16	20	65
PS-7	18	16	16	20	90

注 Z—直角；S—三腿；P—平行；数字—标称破坏载荷标记。

（7）调整板。DB型调整板结构形式和主要尺寸分别见图2-46和表2-47。

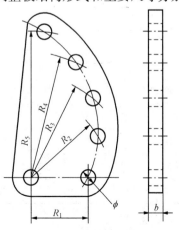

图 2-46 DB型调整板结构形式

表 2-47　　　　　　　　　　　　DB 型调整板主要尺寸　　　　　　　　　　　　（mm）

型号	ϕ	R_1	R_2	R_3	R_4	R_5	b
DB-7	18	70	95	120	145	170	16
DB-10	20	80	110	140	170	200	16
DB-12	24	100	135	170	205	240	16
DB-16	26	110	125	140	155	170	18
DB-21	30	120	135	150	165	180	26
DB-25	33	120	135	150	165	180	30
DB-30	39	120	140	160	180	200	32
DB-50	45	140	185	230	275	320	38

注　D—蝶形；B—板；数字—标称破坏载荷标记。

PT 型调整板结构形式和主要尺寸分别见图 2-47 和表 2-48。

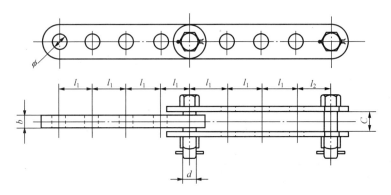

图 2-47　PT 型调整板结构形式

表 2-48　　　　　　　　　　　　PT 型调整板主要尺寸　　　　　　　　　　　　（mm）

型号	l_1	l_2	d	ϕ	b	C	L（可调尺寸）
PT-7	45	60	16	16	16	18	240～375
PT-10	50	65	18	16	16	20	265～415
PT-12	60	75	22	16	16	24	315～495
PT-16	65	80	26	18	18	26	340～535
PT-21	70	90	30	26	26	30	370～580
PT-30	80	100	39	32	32	38	420～660

注　P—平行；T—调整；数字—标称破坏载荷标记。

（8）牵引板。QY 型牵引板结构形式和主要尺寸分别见图 2-48 和表 2-49。

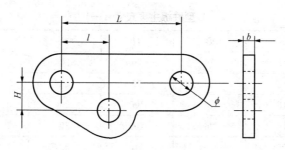

图 2-48 QY 型牵引板结构形式

表 2-49   **QY 型牵引板主要尺寸**   (mm)

型号	b	ϕ	H	l	L
QY-7	16	18	22	38	100
QY-10	16	20	25	42	120
QY-12	16	24	30	45	150
QY-16	18	26	35	55	180
QY-21	26	30	45	75	200
QY-30	32	39	57	85	240
QY-50	45	45	70	100	260

注 Q—牵；Y—引；数字—标称破坏载荷标记。

（9）连板。L 型联板结构形式和主要尺寸分别见图 2-49～图 2-52 和表 2-50～表 2-53。

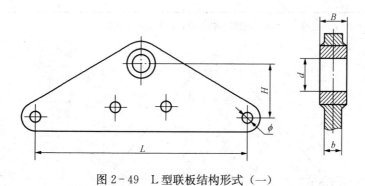

图 2-49 L 型联板结构形式（一）

表 2 - 50　　　　　　　　L 型联板主要尺寸（一）　　　　　　　　（mm）

型号	b	B	H	d	φ	L
L - 1040	16	16	70	20	18	400
L - 1240	16	16	70	24	18	400
L - 1640	18	18	100	26	20	400
L - 2140	16	26	100	30	20	400
L - 2540	16	30	110	33	24	400
L - 3040	18	32	110	39	26	400

注　L—联板；数字—前两位表示标称破坏载荷标记，后两位表示孔距（cm）。

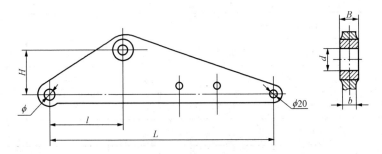

图 2 - 50　L 型联板结构形式（二）

表 2 - 51　　　　　　　　L 型联板主要尺寸（二）　　　　　　　　（mm）

型号	b	B	H	d	φ	L	l
L - 2160	18	26	120	30	26	600	200
L - 3060	18	32	140	39	30	600	200

注　L—联板；数字—前两位表示标称破坏载荷标记，后两位表示孔距（cm）。

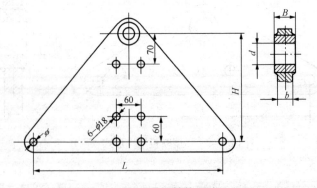

图 2 - 51　L 型联板结构形式（三）

表 2 - 52　　　　　　　　　　　L 型联板主要尺寸（三）　　　　　　　　　　　（mm）

型号	b	B	H	d	φ	L
L - 1645	16	26	250	30	20	450
L - 2145	16	26	250	30	20	450
L - 2145/T	16	26	250	30	24	450
L - 3045	18	32	250	39	26	450

注　L—联板；数字—前两位表示标称破坏载荷标记，后两位表示孔距（cm）；T—适用 400mm²。

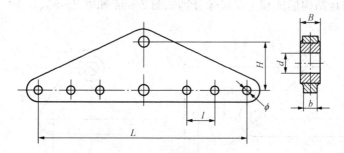

图 2 - 52　L 型联板结构形式（四）

表 2 - 53　　　　　　　　　　　L 型联板主要尺寸（四）　　　　　　　　　　　（mm）

型号	b	B	H	L	l	d	φ
L - 1245	16	16	100	450	60	24	20
L - 1645 - 1	18	18	110	450	60	26	20
L - 2145 - 1	16	26	110	450	60	30	20
L - 2545 - 1	16	30	110	450	60	33	24
L - 3045 - 1	18	32	120	450	60	39	26

注　L—联板；数字—前两位表示标称破坏载荷标记，后两位表示孔距（cm）。

LF 型联板结构形式和主要尺寸分别见图 2 - 53 和表 2 - 54。

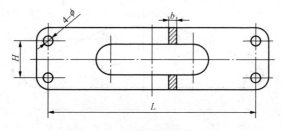

图 2 - 53　LF 型联板结构形式

表 2 - 54　　　　　　　　　**LF 型联板主要尺寸**　　　　　　　　　（mm）

型号	b	H	φ	L
LF - 2140	16	70	20	400
LF - 2540	16	110	24	400
LF - 3040	18	120	26	400
LF - 3055	18	120	26	550

注　L—联板；F—方形；数字—前两位表示标称破坏载荷标记，后两位表示孔距（cm）。

LV 型联板结构形式和主要尺寸分别见图 2 - 54 和表 2 - 55。

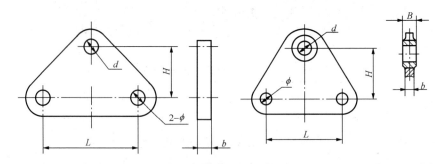

图 2 - 54　LV 型联板结构形式

表 2 - 55　　　　　　　　　**LV 型联板主要尺寸**　　　　　　　　　（mm）

型号	b	B	H	d	φ	L
LV - 0712	16		60	18	20	120
LV - 1020	16		60	20	20	200
LV - 1214	16		90	24	20	140
LV - 2115	18	26	100	30	24	150
LV - 3018	18	32	120	30	26	180

注　L—联板；V—V 形；数字—前两位表示标称破坏载荷标记，后两位表示孔距（cm）。

LS 型联板结构形式和主要尺寸分别见图 2 - 55 和表 2 - 56。

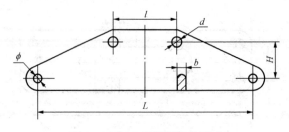

图 2 - 55　LS 型联板结构形式

表 2-56		LS 型联板主要尺寸					(mm)
型号	b	H	ϕ	d	L	l
LS-1212						120
LS-1221						210
LS-1225						250
LS-1229	16	65	18	20	400	290
LS-1233						330
LS-1237						370
LS-1255						550

注　L—联板；S—双联；数字—前两位表示标称破坏载荷标记，后两位表示孔距（cm）。

LJ 型联板结构形式和主要尺寸分别见图 2-56、图 2-57 和表 2-57、表 2-58。

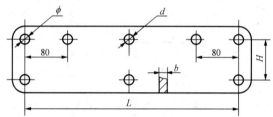

图 2-56　LJ 型联板结构形式（一）

表 2-57		LJ 型联板主要尺寸 (一)				(mm)
型号	b	H	ϕ	d	L
LJ-1040	16	70	18	20	400
LJ-1240	16	70	18	24	400
LJ-1640	18	100	20	26	400

注　L—联板；J—装均压环；数字—前两位表示标称破坏载荷标记，后两位表示孔距（cm）。

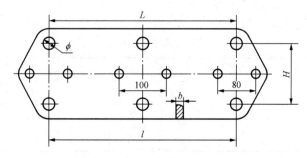

图 2-57　LJ 型联板结构形式（二）

表 2 - 58 　　　　　　　　　　LJ 型联板主要尺寸（二）　　　　　　　　　（mm）

型号	b	H	φ	L	l
LJ - 2540	16	120	24	400	400
LJ - 3040	18	120	26	400	400
LJ - 3045/40	18	120	26	450	400

注　L—联板；J—装均压环；数字—前两位表示标称破坏载荷标记，后两位表示孔距（cm）。

LK 型联板结构形式和主要尺寸分别见图 2 - 58 和表 2 - 59。

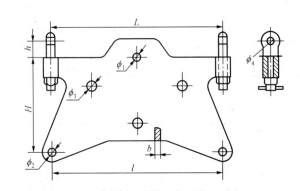

图 2 - 58　LK 型联板结构形式

表 2 - 59 　　　　　　　　　　LK 型联板主要尺寸　　　　　　　　　　　（mm）

型号	b	H	h	L	l	ϕ_1	ϕ_2	ϕ_3	ϕ_4
LK - 1045	16	230	40	450	450	20	18	26	18
LK - 1645	18	230	40	450	450	26	18	26	18
LK - 1649/45	18	230	40	490	450	26	18	26	18
LK - 2149/45	18	230	40	490	450	26	18	26	18

注　L—联板；K—上扛；数字—前两位表示标称破坏载荷标记，后两位表示孔距（cm）。

LC 型联板结构形式和主要尺寸分别见图 2 - 59 和表 2 - 60。

表 2 - 60 　　　　　　　　　　LC 型联板主要尺寸　　　　　　　　　　　（mm）

型号	b	B	H	h	L	d	φ
LC - 1645	18	18	450	95	450	26	20
LC - 2145	16	26	450	95	450	30	20
LC - 3045	18	32	450	95	450	39	26

注　L—联板；C—下垂；数字—前两位表示标称破坏载荷标记，后两位表示孔距（cm）。

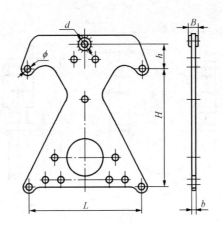

图 2-59　LC 型联板结构形式

LL 型联板结构形式和主要尺寸分别见图 2-60 和表 2-61。

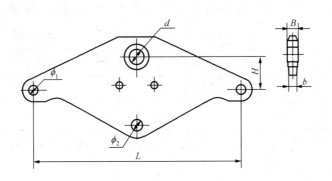

图 2-60　LL 型联板结构形式

表 2-61　　　　　　　　　　　LL 型联板主要尺寸　　　　　　　　　　（mm）

型号	b	B	H	L	d	ϕ_1	ϕ_2
LL-1645	18	18	70	450	26	20	24
LL-2145	16	26	70	450	30	20	24
LL-2545	16	30	70	450	33	20	24

注　L—联板；L—菱形；数字—前两位表示标称破坏载荷标记，后两位表示孔距（cm）。

（10）U 形螺栓。U 形螺栓结构形式和主要尺寸分别见图 2-61 和表 2-62。

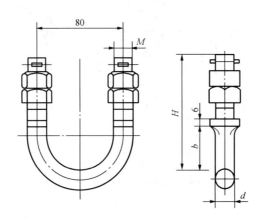

图 2-61　U 形螺栓结构形式

表 2-62　　　　　　　　　U 形螺栓主要尺寸

型号	主要尺寸(mm)				允许使用载荷(kN)		
	d	M	h	H	垂直载荷	纵向载荷	横向载荷
UJ-1880	18	18	39	105	35.3	17.6	5.3
UJ-2080	20	20	43	120	47.0	23.5	7.4
UJ-2280	22	22	45	127	56.8	28.4	10.8

注　U—U 形；J—加强；数字—前两位表示标称破坏载荷标记，后两位表示距离（cm）。

（四）接续金具

此处所指接续金具为额定电压 10kV 及以上架空线路导线、地线用接续金具。对在严重腐蚀、污秽的环境、高海拔地区、高寒地区等条件下使用的金具尚应满足其他相关标准的规定。

接续金具是用于两根导线之间的连接，并能满足导线所具有的机械及电气性能要求的金具。

1. 型式及分类

接续金具按其承受拉力状况分为承力型和非承力型。

（1）承力型接续金具一般分为压缩型和预绞式。

1）压缩型接续金具一般分为钳压、液压和爆压三种，典型结构形式如图 2-62 所示。

2）预绞式接续金具典型结构形式如图 2-63 所示。

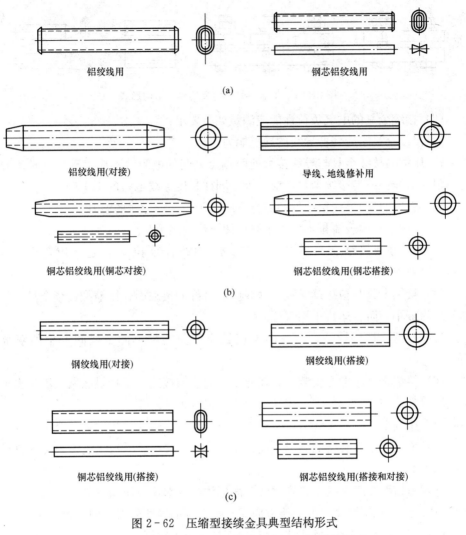

铝绞线用

钢芯铝绞线用

(a)

铝绞线用(对接)

导线、地线修补用

铜芯铝绞线用(铜芯对接)

钢芯铝绞线用(钢芯搭接)

(b)

钢绞线用(对接)

钢绞线用(搭接)

铜芯铝绞线用(搭接)

钢芯铝绞线用(搭接和对接)

(c)

图 2-62 压缩型接续金具典型结构形式

(a) 钳压接续金具；(b) 液压接续金具；(c) 爆压接续金具

图 2-63 预绞式接续金具典型结构形式

（2）非承力型接续金具典型结构形式如图 2-64 所示。

2. 技术要求

（1）接续金具一般技术条件应符合 GB/T 2314—2008 的规定，并按规定程序批准的图样制造。

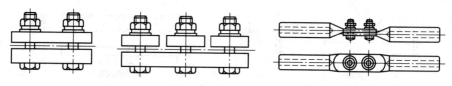

图 2-64 非承力型接续金具典型结构形式

（2）接续金具的电气负荷性能应满足如下要求：

1）接续金具不应降低导线的导电能力。

2）压缩型接续金具与导线接续处两端点之间的电阻，不应大于同样长度导线的电阻，对非压缩型接续金具，应不大于同样长度导线电阻的 1.1 倍。

3）接续金具与导线接续处的温升不应大于被接续导线的温升。

4）接续金具的载流量不应小于被接续导线的载流量。

（3）承力型接续金具的握力与导线、地线计算拉断力之比应符合 GB/T 2314—2008 的规定。

（4）接续金具与被接续导线、地线应有良好的接触面，压缩型接续金具应使内部孔隙为最小，防止运行中潮气侵入。

（5）接续金具与导线、地线的连接处应避免两种不同金属间产生的双金属腐蚀。

（6）接续金具应考虑安装后，在导线、地线与接续金具接触区域，不应出现由于振动或其他因素引起应力过大导致导线、地线损坏现象。

（7）接续金具应避免应力过于集中，防止导线、地线发生过大的金属冷变形。

（8）承受全张力载荷的圆形铝或铝合金液压型接续管的拔稍长度为导线直径的 1～1.5 倍。

（9）压缩型接续金具应在管材外表面标注压缩部位及压缩方向。

（10）预绞式接续金具的缠绕方向应与被接续的导线外层绞向一致。

（11）钢管应采用热镀锌防腐，对接钢管内应无锌层。

（12）铝管表面应洁净光滑，无裂缝、叠层等缺陷。

（13）铝管内径允许的偏差应符合设计图样的规定。

（14）钢管及铝管出口应倒棱去刺，呈圆弧形。

（15）钢管孔中心偏移不超过±0.25mm。

（16）薄壁椭圆接续管及衬条应平直，产生弯曲度不超过 3‰。

（17）接续管的握力不小于被连接导线计算拉断力的 95%。

（18）对挤压成型的并沟线夹，其表面粗糙度及尺寸误差应符合 GB/T 6892—2006《一般工业用铝及铝合金挤压型材》的规定。

3. 材料及工艺

（1）接续金具的材料及工艺应符合 GB/T 2314—2008 的规定及设计图样的要求。

1）用优质碳素结构钢制造的接续金具，应符合 GB/T 699—1999 的规定；用碳素结构钢制造的接续金具，应符合 GB/T 700—2006 的规定；用可锻铸铁制造的接续金具，应符合 GB/T 9440—2010 的规定；用铸造铝合金制造的接续金具应符合 GB/T 1173—1995 的规定。

2）接续金具用铝或铝合金材料化学成分应符合 GB/T 3190—2008 的规定。

3）接续金具的铝及铝合金热挤压管应符合 GB/T 4437.1—2000 的规定。

4）接续金具的铝及铝合金的其他型材应符合 GB/T 6892—2006《一般工业用铝及铝合金挤压型材》或 GB/T 6893—2010《铝及铝合金拉（轧）制无缝管》的规定。

5）接续金具用铝材的抗拉强度应不低于 80MPa，铝合金材料的抗拉强度应不低于 160MPa。

6）接续金具的钢管应符合 GB/T 8162—2008《结构用无缝钢管》的规定，布氏硬度不应大于 HB156。

7）接续金具紧固件应符合下列标准：GB/T 12—1988《半圆头方颈螺栓》；GB/T 41—2000《六角螺母　C 级》；GB/T 93—1987《标准型弹簧垫圈》；GB/T 95—2002《平垫圈 C 级》；GB/T 1972—2005《蝶形弹簧》；GB/T 5781—2000《六角头螺栓　全螺纹 C 级》。

（2）接续金具的钢管、铝管及铝合金管出口处应倒棱去刺并倒圆角。

（3）钢管中心同轴度公差不应大于 0.8mm。

（4）接续金具的表面应光滑，不应有裂纹、叠层和起皮等缺陷；管材表面的擦伤、划痕、挤压流纹等深度不应超过其内径或外径允许的偏差范围。

（5）制造接续金具的黑色金属主体或附件，均应采用热镀锌防腐处理。钢管内壁无锌层。外螺纹和内螺纹应在镀锌前加工，内螺纹在加工时可适量加大，镀锌后不应回丝及满足 GB/T 197—2003 规定的 7H/8g 配合精度要求。

（6）接续金具的制造质量应符合以下标准规定：

1）可锻铸铁件制造质量应符合 DL/T 768.1—2002 的规定。

2）锻制件制造质量应符合 DL/T 768.2—2002 的规定。

3）冲压件制造质量应符合 DL/T 768.3—2002 的规定。

4）铝制件制造质量应符合 DL/T 768.5—2002 的规定。

5）焊接件制造质量应符合 DL/T 768.6—2002 的规定。

6）热镀锌件制造质量应符合 DL/T 768.7—2002 的规定。

4. 主要尺寸

（1）接续管（铝绞线用、钳压）。JT 型接续管（铝绞线用、钳压）结构形式和尺寸分别见图 2-65 和表 2-63。

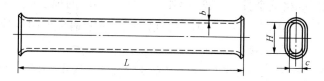

图 2-65　JT 型接续管（铝绞线用、钳压）结构形式

表 2-63　　　　**JT 型接续管（铝绞线用、钳压）尺寸**

型号	适用导线		主要尺寸(mm)				握力不小于
	型号	外径(mm)	b	H	c	L	(kN)
JT-16L	JT-16	5.10	1.7	12.0	6.0	110	2.7
JT-25L	JT-25	6.45	1.7	14.4	7.2	120	4.1
JT-35L	JT-35	7.50	1.7	17.0	8.5	140	5.5
JT-50L	JT-50	9.00	1.7	20.0	10.0	190	7.5
JT-70L	JT-70	10.80	1.7	23.7	11.7	210	10.4
JT-95L	JT-95	12.48	1.7	26.8	13.4	280	13.7
JT-120L	JT-120	14.25	2.0	30.0	15.0	300	18.4
JT-150L	JT-150	15.75	2.0	34.0	17.0	320	22.0
JT-85L	JT-185	17.50	2.0	38.0	19.0	340	27.0

注　J—接续管；T—椭圆形；数字—适用导线的标称面积；附加字母 L—铝绞线。

（2）接续管（钢芯铝绞线用、钳压）。JT 型接续管（钢芯铝绞线用、钳压）结构形式和尺寸见图 2-66 和表 2-64。

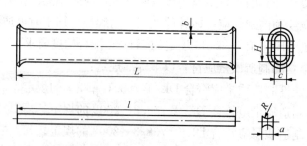

图 2-66　JT 型接续管（钢芯铝绞线用、钳压）结构形式

表 2-64　　　　　JT 型接续管（钢芯铝绞线用、钳压）尺寸

型号	适用导线		主要尺寸(mm)							握力不小于
	型号	外径(mm)	a	b	H	c	R	L	l	(kN)
JT-10/2	LGJ-10/2	4.50	4.0	1.7	11.0	5.0	—	170	180	3.9
JT-16/3	LGJ-16/3	5.55	5.0	1.7	14.0	6.0	—	210	220	5.8
JT-25/4	LGJ-25/4	6.96	6.5	1.7	16.6	7.8	—	270	280	8.8
JT-35/6	LGJ-35/6	8.16	8.0	2.1	18.6	8.8	12.0	340	350	12.0
JT-50/8	LGJ-50/8	9.60	9.5	2.3	22.0	10.5	13.0	420	430	16.0
JT-70/10	LGJ-70/10	11.40	11.5	2.6	26.0	12.5	14.0	500	510	22.0
JT-95/15	LGJ-95/15	1.61	14.0	2.6	31.0	15.0	15.0	690	700	33.3
JT-95/20	LGJ-95/20	13.87	14.0	2.6	31.5	15.2	15.0	690	700	35.3
JT-120/7	LGJ-120/7	14.50	15.0	3.1	33.0	16.5	15.0	910	920	26.2
JT-120/20	LGJ-120/20	15.07	15.5	3.1	35.0	17.0	15.0	910	920	39.0
JT-150/8	LGJ-150/8	16.00	16.0	3.1	36.0	17.5	17.5	940	950	31.2
JT-150/20	LGJ-150/20	16.67	17.0	3.1	37.0	18.0	17.5	940	950	44.3
JT-150/25	LGJ-150/25	17.10	17.5	3.1	39.0	19.0	17.5	940	950	51.4
JT-185/10	LGJ-185/10	18.00	18.00	3.4	40.0	19.5	18.0	1040	1060	38.8
JT-185/25	LGJ-185/25	18.90	19.5	3.4	43.0	21.0	18.0	1040	1060	56.4
JT-185/30	LGJ-185/30	18.88	19.5	3.4	43.0	21.0	18.0	1040	1060	61.1
JT-210/10	LGJ-210/10	19.00	20.0	3.6	43.0	21.0	19.5	1070	1090	42.9
JT-210/25	LGJ-210/25	19.98	20.0	3.6	44.0	21.5	19.5	1070	1090	62.7
JT-210/35	LGJ-210/35	20.38	20.5	3.6	45.0	22.0	19.5	1070	1090	70.5
JT-240/30	LGJ-240/30	21.60	22.0	3.9	48.0	23.5	20.0	540	550	71.8
JT-240/40	LGJ-240/40	21.66	22.0	3.9	48.0	23.5	20.0	540	550	79.2

注　J—接续管；T—椭圆形；数字—适用导线标称面积；分子—铝截面，分母—钢截面。

（3）钢绞线用接续管。JY 型接续管（钢绞线用）结构形式和尺寸见图 2-67 和表 2-65。

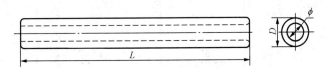

图 2-67　JY 型接续管（钢绞线用）结构形式

表 2－65   JY 型接续管（钢绞线用）尺寸

型号	适用钢绞线	主要尺寸（mm）			握力不小于（kN）
		D	ϕ	L	
JY－35G	1×7－7.8	16	8.4	220	45
JY－50G	1×7－9	18	9.6	240	60
JY－55G	1×7－9.6	22	10.3	240	70
JY－70G	1×19－11	22	11.7	290	80
JY－80G	1×19－11.5	24	12.2	290	100
JY－100G	1×19－3	26	13.7	340	120

注 J—接续管；Y—圆形；G—钢绞线用；数字—适用钢绞线的标称面积。本系列接续管适用于钢丝强度为 1270N/mm^2 的钢绞线。

（4）铝绞线用液压接续管（圆形、对接）。JY 型接续管（铝绞线用）结构形式和尺寸分别见图 2－68 和表 2－66。

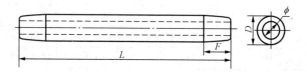

图 2－68 JY 型接续管（铝绞线用）结构形式

表 2－66   JY 型接续管（铝绞线用）尺寸

型号	适用钢绞线		主要尺寸（mm）				握力不小于（kN）
	型号	外径（mm）	D	F	ϕ	L	
JY－150L	LJ－150	15.75	30	20	17.0	280	22
JY－185L	LJ－185	17.50	32	20	19.0	310	27
JY－210L	LJ－210	18.75	34	20	20.0	330	31
JY－240L	LJ－240	20.00	36	20	21.5	350	34
JY－300L	LJ－300	22.40	40	25	24.0	390	45
JY－400L	LJ－400	25.90	45	25	27.5	450	58
JY－500L	LJ－500	29.12	52	30	30.5	510	73
JY－630L	LJ－630	32.67	60	35	34.0	570	87
JY－800L	LJ－800	36.90	65	40	38.5	650	110

注 J—接续管；Y—圆形；数字—适用导线标称面积；附加字母 L—铝绞线。

（5）钢芯铝绞线用液压接续管（圆形、钢芯对接）。JY 型接续管（钢芯铝绞线用、液压、钢芯对接）结构形式和尺寸分别见图 2-69 和表 2-67。

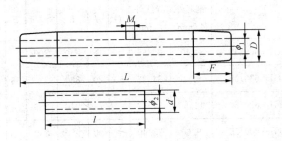

图 2-69　JY 型接续管（钢芯铝绞线用、液压、钢芯对接）结构形式

表 2-67　　　JY 型接续管（钢芯铝绞线用、液压、钢芯对接）尺寸

型号	适用导线			主要尺寸（mm）								握力不小于（kN）
	型号	钢芯外径（mm）	导线外径（mm）	D	d	L	l	F	ϕ_1	ϕ_2		
JY-240/30	LGJ-240/30	7.20	21.60		16	570	170		23.0	7.9		70
JY-240/40	LGJ-240/40	7.98	21.66	36	16	590	190	22	23.0	8.7		80
JY-240/50	LGJ-240/50	9.60	22.40		20	640	230		24.0	10.3		100
JY-300/15	LGJ-300/15	5.01	23.01		14	560	120		24.5	5.7		65
JY-300/20	LGJ-300/20	5.85	23.43		14	580	140		25.0	6.5		70
JY-300/25	LGJ-300/25	6.66	23.76	40	14	600	160	24	25.0	7.3		80
JY-300/40	LGJ-300/40	7.98	23.94		16	640	190		25.5	8.7		90
JY-300/50	LGJ-300/50	8.94	24.26		18	660	210		26.0	9.6		100
JY-300/70	LGJ-300/70	10.80	25.20	42	22	710	260	25	26.5	11.5		120
JY-400/20	LGJ-400/20	5.85	26.91		14	580	140		28.5	6.5		85
JY-400/25	LGJ-400/25	6.66	26.64		14	660	160		28.5	7.3		90
JY-400/35	LGJ-400/35	7.50	26.82	45	16	680	180	27	28.5	8.2		100
JY-400/50	LGJ-400/50	9.21	27.63		20	730	220		29.5	9.9		120
JY-400/65	LGJ-400/65	10.32	28.00	48	22	760	250	29	29.5	11.0		130
JY-400/95	LGJ-400/95	12.50	29.14		16	830	300		31.0	13.2		160
JY-500/50	LGJ-500/50	7.50	30.00		16	740	180		31.5	8.2		110
JY-500/65	LGJ-500/65	8.40	30.00	52	18	760	200	30	31.5	9.1		120
JY-500/95	LGJ-500/95	10.32	30.96		22	820	250		32.5	11.0		150

续表

型号	适用导线			主要尺寸(mm)								握力不小于(kN)
	型号	钢芯外径(mm)	导线外径(mm)	D	d	L	l	F	ϕ_1	ϕ_2		
JY-630/45	LGJ-630/45	8.40	33.60		18	840	200		35.5	9.1		140
JY-630/55	LGJ-630/55	9.60	34.32	60	20	880	230	36	36.5	10.3		155
JY-630/80	LGJ-630/80	11.60	34.82		24	940	280		36.5	12.3		180
JY-800/55	LGJ-800/55	9.60	38.40		20	950	230		40.0	10.3		180
JY-800/70	LGJ-800/70	10.80	38.58	65	22	980	260	39	40.5	11.5		200
JY-800/100	LGJ-800/100	13.00	38.98		26	1050	310		40.5	13.7		230

注　J—接续管；Y—圆形；数字—适用导线的标称面积，分子表示铝截面，分母表示钢截面；M—注油螺孔，对 LGJ-210 及以下为 M6×1.0，对 LGJ-240 及以上为 M8×1.25，配铝合金的开槽锥端紧定螺丝。

（6）钢芯铝绞线用液压接续管（圆形、钢芯搭接）。JYD 型接续管（钢芯铝绞线用、液压、钢芯搭接）结构形式和尺寸分别见图 2-70 和表 2-68。

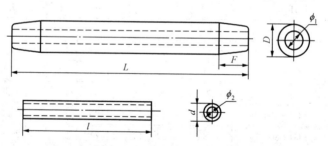

图 2-70　JYD 型接续管（钢芯铝绞线用、液压、钢芯搭接）结构形式

表 2-68　　**JYD 型接续管（钢芯铝绞线用、液压、钢芯搭接）尺寸**

型号	适用导线			主要尺寸(mm)							握力不小于(kN)
	型号	钢芯外径(mm)	导线外径(mm)	D	d	L	l	F	ϕ_1	ϕ_2	
JYD-240/30	LGJ-240/30	7.20	21.60		20	450	100		23.0	12.0	70
JYD-240/40	LGJ-240/40	7.98	21.66	36	20	470	100	22	23.0	13.3	80
JYD-240/50	LGJ-240/50	9.60	22.40		22	490	120		24.0	16.0	100

续表

型号	适用导线			主要尺寸(mm)							握力不小于(kN)
	型号	钢芯外径(mm)	导线外径(mm)	D	d	L	l	F	ϕ_1	ϕ_2	
JYD-300/15	LGJ-300/15	5.01	23.01		18	440	70		24.5	8.4	65
JYD-300/20	LGJ-300/20	5.85	23.43		18	450	80		25.0	9.8	70
JYD-300/25	LGJ-300/25	6.66	23.76	40	20	480	90	24	25.0	11.2	80
JYD-300/40	LGJ-300/40	7.98	23.94		20	490	100		25.5	13.3	90
JYD-300/50	LGJ-300/50	8.94	24.26		22	510	120		26.0	15.0	100
JYD-300/70	LGJ-300/70	10.80	25.20	42	24	560	130	25	26.5	18.0	120
JYD-400/20	LGJ-400/20	5.85	26.91		18	510	80		28.5	9.8	85
JYD-400/25	LGJ-400/25	6.66	26.64	45	20	520	90	27	28.5	11.2	90
JYD-400/35	LGJ-400/35	7.50	26.82		22	540	100		28.5	12.5	100
JYD-400/50	LGJ-400/50	9.21	27.63		24	570	120		29.5	15.4	120
JYD-400/65	LGJ-400/65	10.32	28.00	48	26	580	130	29	29.5	17.2	130
JYD-500/35	LGJ-500/35	7.50	30.00		22	580	100		31.5	12.5	110
JYD-500/45	LGJ-500/45	8.40	30.00	52	24	610	110	30	31.5	14.0	120
JYD-500/65	LGJ-500/65	10.32	30.96		26	640	130		32.5	17.2	150
JYD-630/45	LGJ-630/45	8.40	33.60	60	24	650	110	36	35.5	14.0	140
JYD-630/55	LGJ-630/55	9.60	34.32		26	680	120		36.5	16.0	155
JYD-800/55	LGJ-800/55	9.60	38.40	65	26	730	120	39	40.0	16.0	180
JYD-800/70	LGJ-800/70	10.80	38.58		26	760	130		40.5	18.0	200

注　J—接续管；Y—圆形；D—搭接；数字—适用导线标准称面积，分子表示铝截面，分母表示钢截面。

（7）良导体地线用液压接续管。钢芯铝绞线（铝钢比1.71）用接续管结构形式和尺寸分别见图2-71和表2-69。

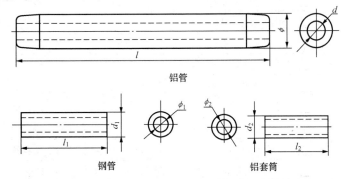

图2-71　钢芯铝绞线（铝钢比1.71）用接续管结构形式

表 2-69　　　　　　　　钢芯铝绞线（铝钢比 1.71）用接续管尺寸

型号	适用导线			主要尺寸(mm)										参考质量 (kg)
	型号	结构（铝线根数/线径 +钢线根数/线径）	外径 (mm)	d	ϕ	l	d_1	ϕ_1	l_1	d_2	ϕ_2	l_2	
JY-50/30	LGJ-50/30	12/2.32+7/2.32	11.60	26	16	340	14	7.4	190	15	12.5	75	0.54
JY-70/40	LGJ-70/40	12/2.72+7/2.72	13.60	32	20	400	18	8.8	220	19	14.2	90	0.98
JY-95/55	LGJ-95/55	12/3.20+7/3.20	16.00	34	22	470	20	10.2	260	21	17.0	105	1.30
JY-120/70	LGJ-120/70	12/3.60+7/3.60	18.00	36	24	510	22	11.5	290	23	19.0	120	1.62

注　J—接续；Y—圆形；数字—适用导线标称面积，分子表示铝截面；分母表示钢截面。

（8）补修管。补修管结构形式和尺寸分别见图 2-72 和表 2-70。

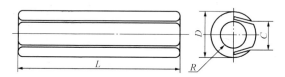

图 2-72　补修管结构形式

表 2-70　　　　　　　　　　补修管尺寸

型号	适用绞线型号	主要尺寸(mm)				参考质量 (kg)
		C	D	L	R	
JBE-185/10	LGJ-185/10	21	32	170	10.0	0.20
JBE-185	LGJ-185/25　185/30　185/45　210/10	21	32	170	10.5	0.20
JBE-210	LGJ-210/25　210/35	22	34	220	11.0	0.29
JBE-240	LGJ-240/30　240/40　210/35	24	36	220	11.5	0.33
JBE-240/55	LGJ-240/55	24	36	220	12.0	0.31
JBE-300/15	LGJ-300/15	26	40	270	12.5	0.52
JBE-300	LGJ-300/20　300/25　300/40　300/50	26	40	270	13.0	0.51
JBE-300/70	LGJ-300/70	26	42	270	13.5	0.55
JBE-400	LGJ-400/20　400/25　400/35　400/50	30	45	320	14.5	0.75
JBE-400/65	LGJ-400/65	30	48	320	15.0	0.90
JBE-400/95	LGJ-400/95	31	48	320	15.5	0.85
JBE-500	LGJ-500/35　500/45　500/65	32	52	320	16.0	1.07
JBE-630	LGJ-630/45　630/55　630/80	36	60	370	18.0	1.70

续表

型号	适用绞线型号	主要尺寸(mm)				参考质量 (kg)
		C	D	L	R	
JBE - 800/55	LGJ - 800/55	41	65	370	20.0	1.90
JBE - 800	LGJ - 800/70 800/100	41	65	370	20.5	1.90
JBE - 35G	GJ - 35	8.6	16	120	4.2	0.11
JBE - 50G	GJ - 50	9.8	18	120	4.8	0.14
JBE - 70G	GJ - 70	11.8	22	140	5.8	0.25
JBE - 100G	GJ - 100	14.0	26	160	7.0	0.41

注 J—接续管；BE—补修管；G—钢绞线；数字—适用导线标称面积，分子表示铝截面；分母表示钢截面。

(9)并沟线夹。钢绞线用JBB并沟线夹结构形式和尺寸分别见图2-73和表2-71。

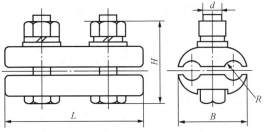

图 2-73 钢绞线用JBB并沟线夹结构形式

表 2-71　　　　　　　　　钢绞线用 JBB 并沟线夹尺寸　　　　　　　　　(mm)

型号	适用绞线外径 钢绞线	简图	B	d	L	R	H	螺栓个数
JBB - 1	6.6~7.8	H1	44	12	90	4.5	40	2
JBB - 2	9.6~11.0		50	16	90	6.0	50	2
JBB - 3	13.0~14.0		56	16	124	7.0	55	2

注 J—接续；B—并沟；B—避雷线；数字—适用钢绞线组合号。

铝绞线或钢芯铝绞线用JB型、JBR型并沟线夹结构形式和尺寸分别见图2-74和表2-72、表2-73。

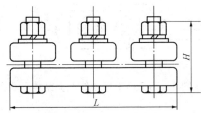

图 2-74 铝绞线或钢芯铝绞线用 JB 型、JBR 型并沟线夹结构形式

表 2 – 72　　　　铝绞线或钢芯铝绞线用 JB 型并沟线夹尺寸　　　　（mm）

型号	适用钢绞线或钢芯铝绞线外径	简图	B	d	L	R	H	螺栓个数
JB – 0	5.1～7.0		36	10	72	3.5	35	2
JB – 1	7.5～9.6		43	12	80	5.0	40	2
JB – 2	10.8～14.0	H2	50	12	114	7.0	45	3
JB – 3	14.5～17.5		62	16	140	9.0	50	3
JB – 4	18.1～22.0		71	16	144	11.0	55	3

注　J—接续；B—并沟；数字—适用钢绞线及导线的组合号。

表 2 – 73　　　　铝绞线或钢芯铝绞线用 JBR 型并沟线夹尺寸　　　　（mm）

型号	适用钢绞线或钢芯铝绞线外径	简图	B	d	L	R	H	螺栓个数
JBR-0	5.1～7.0		35	10	72	3.5	35	2
JBR – 1	7.5～9.6		46	12	80	5.0	45	2
JBR – 2	10.8～14.0	H3	50	12	108	7.0	55	3
JBR – 3	14.5～17.5		62	16	1387	9.0	55	3
JBR – 4	18.1～22.0		71	16	144	11.0	60	3

注　J—接续管；B—并沟；R—热挤压；数字—适用钢绞线及导线的组合号。

（10）跳线线夹。JYT 型跳线线夹结构形式和尺寸分别见图 2 – 75 和表 2 – 74。

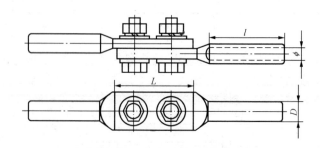

图 2 – 75　JYT 型跳线线夹结构形式

表 2－74　　　　　　　**JYT 型跳线线夹尺寸**　　　　　　　　　（mm）

型号	适用导线		主要尺寸			
	型号	外径	D	l	L	ϕ
JYT－35/6	LGJ－35/6	8.16	16	60	65	9.5
JYT－50/8	LGJ－50/8	9.60	18	60	65	11.0
JYT－70/10	LGJ－70/10	11.40	22	70	65	13.0
JYT－95156	LGJ－95156	13.61	26	80	65	15.0
JYT－120/7	LGJ－120/7	14.50	26	80	85	16.0
JYT－120/20	LGJ－120/20	15.07	26	80	85	16.5
JYT－150/8	LGJ－150/8	16.00	30	90	85	17.5
JYT－150/20	LGJ－150/20	16.67	30	90	85	18.0
JYT－150/25	LGJ－150/25	17.10	30	90	85	18.5
JYT－185/10	LGJ－185/10	18.00	32	90	85	19.5
JYT－185/25	LGJ－185/25	18.90	32	90	85	20.5
JYT－185306	LGJ－185306	18.88	32	90	85	20.5
JYT－210/10	LGJ－210/10	19.0	34	100	85	20.5
JYT－210/25	LGJ－210/25	19.98	34	100	85	21.5
JYT－210/35	LGJ－210/35	20.38	34	100	85	22.0

注　J—接续管；Y—压缩；T—跳线；数字—适用导线标称面积，分子表示铝截面；分母表示钢截面。

（11）线卡子。线卡子的结构和尺寸分别见图 2－76 和表 2－75。

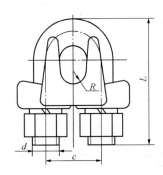

图 2－76　线卡子结构

表 2－75　　　　　　　　　**线卡子尺寸**　　　　　　　　　（mm）

型号	适用绞线直径	d	c	L	R
JK－1	钢绞线　6.60～8.40	10	22	55	5
JK－2	9.00～11.50		28	70	6

型号	适用绞线直径	d	c	L	R
JKL-1	铝绞线　6.45～8.16	10	22	55	5
JKL-2	9.00～11.40		28	70	6

注　J—接续管；K—卡子；L—铝绞线；数字—适用的绞线组合号。

（五）保护金具

保护金具是用于对各类电气装置或金具本身，起到电气性能或机械性能保护作用的金具。

1．形式及尺寸

（1）防振锤。FD型防振锤结构和尺寸分别见图2-77和表2-76。

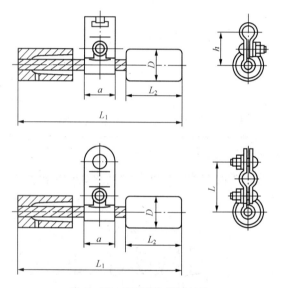

图 2-77　FD型防振锤结构

表 2-76　　　　　　　　　　　　　　FD型防振锤尺寸

型号	绞线截面(mm²)		主要尺寸(mm)					绞线规格	锤头重量 (kg)	重量 (kg)
	钢绞线	铝绞线钢芯铝绞线	D	a	h	L_1	L_2			
FD-1		35～90	40	40	40	300	95	7/2.6	0.54	1.5
FD-2		70～90	46	45	55	370	130	7/3.0	0.94	2.4
FD-3		120～150	56	60	65	450	150	19/2.2	1.74	4.5
FD-4		185～240	62	60	70	500	175	19/2.2	2.17	5.6

续表

型号	绞线截面(mm²)		主要尺寸(mm)					绞线规格	锤头重量(kg)	重量(kg)
	钢绞线	铝绞线钢芯铝绞线	D	a	h	L_1	L_2			
FD-5		300～500	67	70	75	550	200	19/2.6	3.0	7.2
FD-6		500～630	70	70	75	550	200	19/2.6	3.6	8.6
FD-35	35		42	45	50	300	100	7/3.0	0.64	1.8
FD-50	50		46	45	50	350	130	7/3.0	0.94	2.4
FD-70	70		56	50	60	400	150	19/2.2	1.74	4.2
FD-100	100		62	60	65	500	175	19/2.0	2.40	5.6

FDZ型防振锤结构和尺寸分别见图2-78和表2-77。

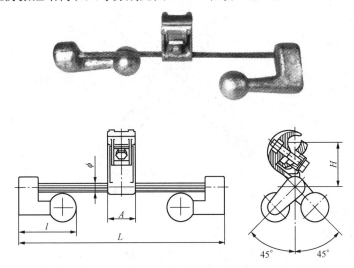

图2-78　FDZ型防振锤结构

表2-77　　　　　　　　　　　　　FDZ型防振锤尺寸

规格	适用导线截面(mm²)	主要尺寸（mm）				
		A	ϕ	H	L	l
FDZ-1	35～50	50	9	60	330	120
FDZ-2	70～95	50	9	60	350	130
FDZ-3	120～150	55	11	65	430	150
FDZ-4	185～240	55	11	65	470	160
FDZ-5	300～400	60	13	70	520	180
FDZ-6	500～630	60	13	70	550	196

（2）间隔棒。FJQ型间隔棒结构如图2-79所示。

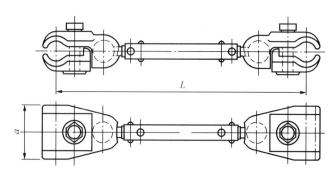

图 2 - 79　FJQ 型间隔棒结构

FJZQ 型间隔棒结构如图 2 - 80 所示。

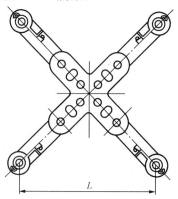

图 2 - 80　FJZQ 型间隔棒结构

（3）均压环、屏蔽环和均压屏蔽环。

2. 型号标记

F——防护；J——均压环；P——屏蔽环；数字——表示适用电压；附加字母：N——耐张绝缘子串用；C——悬垂绝缘子串用；B——变电；S——双联；D——单联；后面的数字为变电金具的尺寸代号。

500kV 线路用单联均压环 FJ - 500CD 结构形式如图 2 - 81 所示。

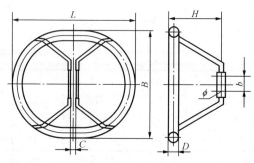

图 2 - 81　500kV 线路用单联均压环 FJ - 500CD 结构形式

500kV 线路用双联均压环 FJ-500CS 结构形式如图 2-82 所示。

500kV 线路用屏蔽环 FP-500C 结构形式如图 2-83 所示。

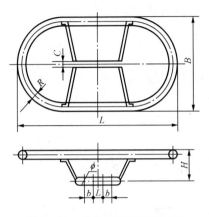
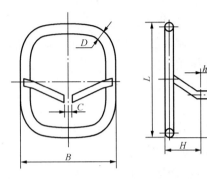

图 2-82　500kV 线路用双联均
压环 FJ-500CS 结构形式

图 2-83　500kV 线路用屏蔽环
FP-500C 结构形式

500kV 线路用均压屏蔽环 FJP-500N 结构形式如图 2-84 所示。

330kV 线路用均压屏蔽环 FJP-330N 结构形式如图 2-85 所示。

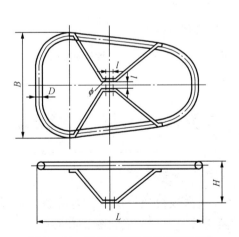
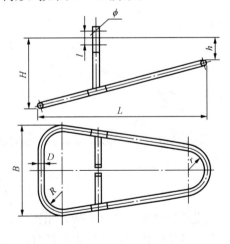

图 2-84　500kV 线路用均压屏蔽环
FJP-500N 结构形式

图 2-85　330kV 线路用均压屏
蔽环 FJP-330N 结构形式

3. 技术要求

均压环、屏蔽环和均压屏蔽环可采用 10 号优质碳素结构无缝钢管制造，或采用铝及铝合金材料制造。

采用氩弧焊接，焊缝应均匀一致。

焊缝不得有裂纹、弧坑、烧穿、焊缝间断等缺陷。

管弯曲变形量不得超过外径的±3％；管子弯曲直径公差上±2mm。

无缝钢管、支撑架及紧固件均应热镀锌，锌层应满足 JB/T 8177—1999《绝缘子金属附件热镀锌层　通用技术条件》的要求。

（六）拉线金具

拉线金具包括 NE 型楔形耐张线夹、NUT 形楔形耐张线夹（可调）以及 NLY 型液压拉线线夹。

（七）预绞式金具

1. 产品分类

（1）支持、悬垂金具。由金属预绞丝、金属护套和胶垫等配套组成，用来将钢芯铝绞线或光纤复合地线吊挂于直线杆塔上。

导线用预绞式悬垂线夹由预绞丝、金属护套及胶垫组成，用于导线的悬垂线夹，其形式如图 2-86 所示。

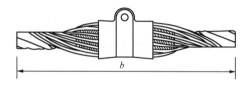

图 2-86　导线用预绞式悬垂线夹形式

地线用预绞式悬垂线夹由预绞丝、金属护套胶垫组成，用于架空地线的悬垂线夹，其形式如图 2-87 所示。

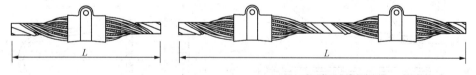

图 2-87　地线用预绞式悬垂线夹形式

光纤复合地线（OPGW）用预绞式悬垂线夹由预绞丝外层条、内层条、金属护套、胶势组成，用于架空光纤复合地线的悬垂线夹，其形式同图 2-88。

（2）耐张金具（预绞式耐张线夹）。承受全张力。与心形环金具配套，将导线、地线或光纤复合地线连接至耐张杆塔上。可代替常规的螺栓形耐张线夹、压缩型耐张线夹及楔形耐张线夹。

架空导线用预绞式耐张线夹由金属预绞丝及配套附件组成，用来将架空导线张拉在耐张杆塔上。

绝缘导线用预绞式耐张线夹用来固定绝缘导线，拉紧于耐张杆塔或建筑物上，

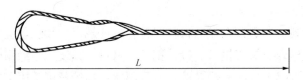

图 2-88 预绞式耐张线夹结构形式

实现耐张线夹的功能。

钢绞线用预绞式耐张线夹用于杆塔拉线、地线的终端固定预绞式拉线线夹。

光纤复合地线用耐张线夹用于将光纤复合地线固定在耐张塔上。

（3）接续金具（预绞式接续条）。用来连接导线两端头，代替常规的钳压接续管和压接管。预绞式接续条的结构形式如图 2-89 所示。

图 2-89 预绞式接续条结构形式

导线用预绞式接续条用来连接铝绞线、铝合金绞线、钢芯铝绞线、铝包钢绞线、铝包钢芯铝绞线等导线，达到其原有机械强度和导电性能。

钢绞线用预绞式接续条用来连接钢绞线，达到其原有机械强度。

（4）保护性金具。保护性金具包括护线条、补修条等。

护线条用来缠绕在导线外层，安装在一般船形线夹中，以提高导线刚度，减小导线振动。或者用来缠绕铝绞线，安装在支柱绝缘子上，以增加导线刚度并起到减振作用。护线条结构形式如图 2-90 所示。

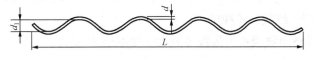

图 2-90 护线条结构形式

补修条用来保护导线、地线免受外力破损，并确保损伤范围不致扩大，或恢复其原有机械强度及导电性能。补修条的结构形式如图 2-91 所示。

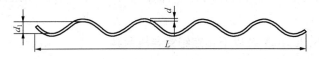

图 2-91 补修条结构形式

2. 技术要求

(1) 制造材料。制造预绞丝的材料应符合设计规定。预绞丝应采用耐腐性好的铝合金丝、铝包钢丝、镀铝钢丝、镀锌钢丝等材料；预绞式绝缘耐张线夹用的预绞丝材料应采用强度高于绝缘线缆芯的金属丝制造；预绞丝可采用需方要求的其他材料，所选用的材料应保证达到设计要求。

(2) 尾端处理。预绞丝的端头应制成圆锥形或半圆形；当要求不产生电晕时，其端头应加工成鸭嘴形。

(3) 预绞丝表面应光洁，无裂纹、折叠和结疤等缺陷。

(4) 预绞丝的尺寸及公差。预绞丝的尺寸应符合设计图样的要求，或符合买卖双方同意的技术条件。

预绞丝的总长、节距及成形内径均应在设计图样规定的误差范围内。节距为测得 5 个节距的算术平均值。

制造预绞丝的单丝直径误差、椭圆度均应符合设计要求。

(5) 预绞丝的螺旋方向为右旋。如需要左旋时，应在订货合同中加以说明，并在产品后部加注"S"标记。不作标记一律为右旋。对于光纤复合架空地线（OPGW）的预绞丝，其内层条的旋向应与 OPGW 外层的绞向相反。

(6) 需方如需其他标准，应在订货时双方协商。

(7) 钢绞线（拉线）预绞式耐张线夹在杆塔下端与地面拉棒连接时，应考虑拉线长度调整装置和预绞丝防盗措施。

(8) 预绞式耐张线夹对导线的握力。用于钢绞线、铝绞线、钢芯铝绞线、光纤复合地线、10～35kV 绝缘线等输电线路各种导线的预绞式耐张线夹握力强度均不小于 95％ CUTS（绞线计算拉断力）。

用于配电线路的预绞式耐张线夹握力强度不小于 65％CUTS。

低压入户绝缘线用预绞式耐张线夹的握力强度按用户要求确定。

(9) 预绞式接续条的握力。钢绞线、铝绞线、钢芯铝绞线的预绞式接续条的握力均不小于 95％CUTS。

(10) 预绞丝单位面积镀锌质量应符合 IEC 60888—1987《绞线用镀锌钢线》的规定。

五、额定电压 10kV 及以下架空绝缘导线金具

1. 悬垂线夹

(1) 1kV 单根绝缘导线用固定型悬垂线夹。其结构形式和主要参考尺寸分别见图 2-92 和表 2-78。

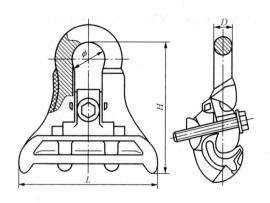

图 2 - 92　1kV 单根绝缘导线用固定型悬垂线夹结构形式

表 2 - 78　　1kV 单根绝缘导线用固定型悬垂线夹主要参考尺寸

型号	适用导线截面 (mm²)	主要参考尺寸（mm）			
		L	H	ϕ	D
CG - 1D	16～50	108	88	22	16
CG - 2D	70～120	116	92	24	18
CG - 3D	150～240	120	98	26	20

注　C—悬垂；G—固定；数字—表示顺序号；D—1kV 单根绝缘导线。

　　（2）1kV 集束绝缘导线用固定型悬垂线夹。其结构形式和主要参考尺寸见图 2 - 93 和表 2 - 79。

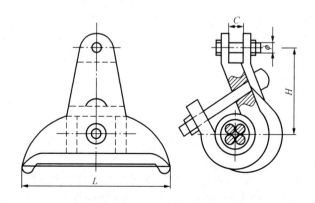

图 2 - 93　1kV 集束绝缘导线用固定型悬垂线夹结构形式

表 2-79　　1kV 集束绝缘导线用固定型悬垂线夹主要参考尺寸

型号	适用导线截面	主要参考尺寸（mm）			
	（mm²）	L	H	ϕ	C
CG-1S	16～50	160	80	16	18
CG-2S	70～120	180	90	16	18
CG-3S	150～240	200	110	16	18

注　C—悬垂；G—固定；数字—表示顺序号；S—1kV 集束绝缘导线。

2. 楔形耐张线夹

（1）NET 型、NEL 型楔形耐张线夹。其结构形式和主要参考尺寸分别见图 2-94和表 2-80。

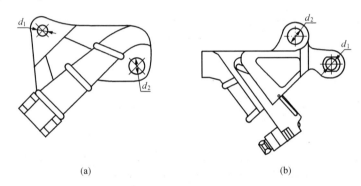

(a)　　　　　　　　　　　　　(b)

图 2-94　NET 型、NEL 型楔形耐张线夹结构形式

(a) NET 型；(b) NEL 型

表 2-80　　　　　NET 型、NEL 型楔形耐张线夹主要参考尺寸

型号	适用导线截面	主要参考尺寸（mm）	
	（mm²）	d_1	d_2
NET-1T	70～95	16	19
NET-2T	120～150	16	19
NEL-1L	50～95	16	19
NEL-2L	120～150	16	19
NEL-3L	185～240	16	19

注　N—耐张；E—楔形；T—线夹本体为可锻铸铁，楔子为铜；L—线夹本体为铸铝，楔子为铝；数字—
　　　表示顺序号；数字后 T—铜芯绝缘导线；数字后 L—铝芯绝缘导线。

NET 型、NEL 型楔形耐张线夹绝缘罩结构形式和主要尺寸分别见图 2-95 和表 2-81。

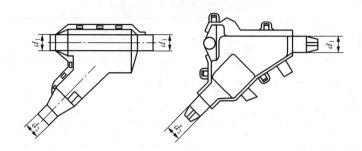

图 2-95 NET 型、NEL 型楔形耐张线夹绝缘罩结构形式

表 2-81　　　　　　　　NET 型、NEL 型楔形耐张线夹绝缘罩主要尺寸

型号	适用导线截面（mm²）	适用楔形耐张线夹	主要参考尺寸（mm）	
			d_1	d_2
NET（Z）-1	50～95	NET-1T、NEL-1L	30	30
NEL（Z）-1				
NET（Z）-2	120～150	NET-2T、NEL-2L	30	30
NEL（Z）-2				
NET（Z）-3	185～240	NET-3L	30	30

注 N—耐张；E—楔形；T—铜芯绝缘导线；L—铝芯绝缘导线；Z—绝缘罩；数字—表示顺序号。

（2）NEJ 型楔形耐张线夹。其结构形式和主要参考尺寸分别见图 2-96 和表2-82。

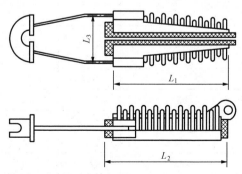

图 2-96　NEJ 型楔形耐张线夹结构形式

表 2-82　　　　　　　　　**NEJ 型楔形耐张线夹主要参考尺寸**

型号	适用导线截面 (mm²)	主要参考尺寸（mm）		
		L_1	L_2	L_3
NEJ-1A	50	158	175	67
NEJ-2A	70	190	210	80
NEJ-3A	95～120	190	210	80
NEJ-4A	150～185	190	210	80
NEJ-1B	35～50	158	175	67
NEJ-2B	70	190	210	80
NEJ-3B	95	190	210	80
NEJ-4B	120	190	210	80

注　N—耐张；E—楔形；J—直接安装于绝缘层上；数字—表示顺序号；A—10kV 架空绝缘导线；B—1kV 架空绝缘导线。

3. 架空铝芯绝缘导线用接续管

架空铝芯绝缘导线用接续管的结构形式和主要参考尺寸分别见图 2-97 和表 2-83。

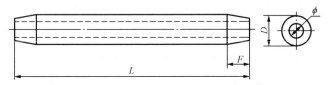

图 2-97　架空铝芯绝缘导线用接续管结构形式

表 2-83　　　　　　　　**架空铝芯绝缘导线用接续管主要参考尺寸**

型号	适用导线截面 (mm²)	主要参考尺寸(mm)			
		ϕ	D	F	L
JJY-1L	35	7.5	14	15	120
JJY-2L	50	9.0	16	15	140
JJY-3L	70	10.5	20	20	170
JJY-4L	95	12.0	22	25	200
JJY-5L	120	14.0	24	25	230
JJY-6L	150	15.0	28	30	250
JJY-7L	185	17.0	30	30	280
JJY-8L	240	19.0	36	35	320

注　第一个 J—接续金具；第二个 J—接续管；Y—压接；数字—表示顺序号；L—铝芯绝缘导线。

4. 异径并沟线夹

异径并沟线夹结构形式和主要参考尺寸分别见图 2-98 和表 2-84。

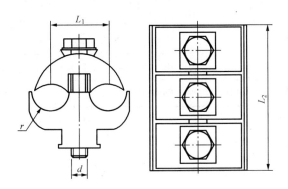

图 2-98　异径并沟线夹结构形式

表 2-84　　　　　　　　　　异径并沟线夹主要参考尺寸

型号	适用导线截面（mm²）	主要参考尺寸（mm）			
		d	r	L_1	L_2
JBY-1L	16~70	8	5.5	22	63
JBY-2L	35~120	10	7.1	30	66
JBY-3L	95~240	10	10.0	34	70

注　J—接续金具；B—并为线夹；Y—异径；数字—表示顺序号；L—铝芯绝缘导线。

异径并沟线夹绝缘罩结构形式和主要参考尺寸分别见图 2-99 和表 2-85。

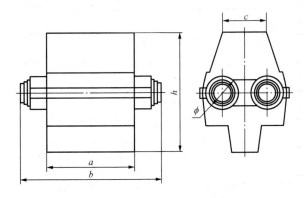

图 2-99　异径并沟线夹绝缘罩结构形式

表 2 - 85　　　　　　　　异径并沟线夹绝缘罩主要参考尺寸

型号	适用导线截面（mm²）	适用异径并沟线夹	主要参考尺寸（mm）				
			a	b	c	h	ϕ
JBY（Z）- 1	16～70	JBY - 1L	68	140	48	64	18
JBY（Z）- 2	35～120	JBY - 2L	72	152	58	74	22
JBY（Z）- 3	95～240	JBY - 3L	82	170	75	95	30

注　J—接续金具；B—并沟线夹；Y—异径；Z—绝缘罩；数字—表示顺序号。

5. 1kV 绝缘穿刺线夹

1kV 绝缘穿刺线夹结构形式和主要尺寸分别见图 2 - 100 和表 2 - 86。

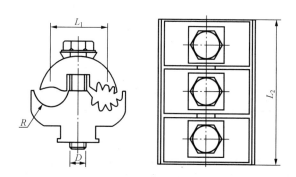

图 2 - 100　1kV 绝缘穿刺线夹结构形式

表 2 - 86　　　　　　　　1kV 绝缘穿刺线夹主要尺寸

型号	适用导线截面（mm²）	主要参考尺寸（mm）			
		D	R	L_1	L_2
JBC - 1L	16～70	8	5.5	22	63
JBC - 2L	35～120	10	7.1	30	66
JBC - 3L	95～240	10	10.0	34	70

注　J—接续金具；B—并沟；C—穿刺线夹；数字—表示顺序号；L—1kV 铝芯绝缘导线。

1kV 绝缘穿刺线夹绝缘罩结构形式和主要尺寸分别见图 2 - 101 和表 2 - 87。

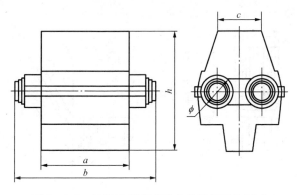

图 2‐101　1kV 绝缘穿刺线夹绝缘罩结构形式

表 2‐87　　　　　　　　1kV 绝缘穿刺线夹绝缘罩主要尺寸

型号	适用导线截面 (mm²)	适用异径并沟线夹	主要参考尺寸　(mm)				
			a	b	c	h	ϕ
JCZ‐1	16～70	JC‐1L	68	140	48	64	18
JCZ‐2	35～120	JC‐2L	72	152	58	74	22
JCZ‐3	95～240	JC‐3L	82	170	75	95	30

注　J—接续金具；C—穿刺线夹；Z—绝缘罩；数字—表示顺序号。

6. 螺杆端子线夹

螺杆端子线夹结构形式和主要尺寸分别见图 2‐102 和表 2‐88。

表 2‐88　　　　　　　　螺杆端子线夹主要尺寸

型号	适用导线截面 (mm²)	示意图号	螺栓数量	螺栓直径	主要参考尺寸（mm）					
					a	b	L_1	L_2	L	ϕ
JD‐1	50～120	图 2‐102 (a)	8	M8	52	46	67	—	117	M20
JD‐2	95～240	图 2‐102 (a)	8	M8	65	60	75	—	137	M12
JD‐A‐1	95～240	图 2‐102 (b)	6	M10	65	60	75	45	—	M20
JDS‐1	50～120	图 2‐102 (c)	4	M10	52	46	67	—	117	M12
JDS‐2	95～240	图 2‐102 (c)	4	M10	65	60	75	—	135	M20
JDS‐A‐1	95～240	图 2‐102 (d)	4	M10	65	60	75	45	—	M20
JDT‐1	95～240	图 2‐102 (e)	6	M10	75	60	65	—	135	M20
JDT‐A‐1	95～240	图 2‐102 (f)	6	M10	75	60	65	45	—	M20

注　J—接续金具；D—螺杆端子线夹；S—双线；T—铜线；A—表示30°；数字—表示顺序号。

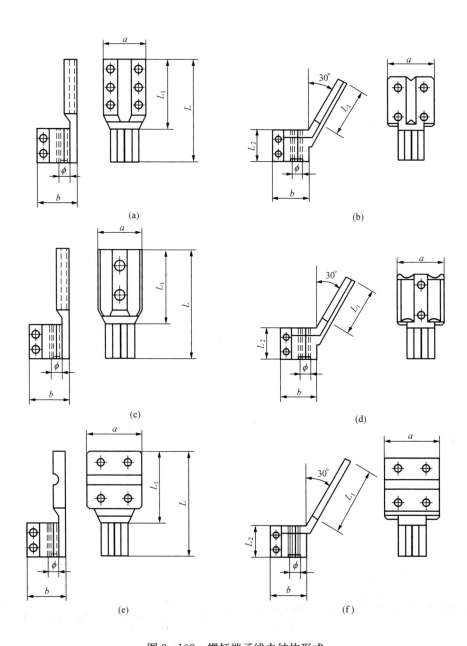

图 2-102　螺杆端子线夹结构形式

(a) JD-1、JD-2型；(b) JD-A-1型；(c) JDS-1、JDS-2型；

(d) JDS-A-1型；(e) JDT-1型；(f) JDT-A-1型

螺杆端子线夹绝缘罩结构形式和主要尺寸分别见图 2 - 103 和表 2 - 89。

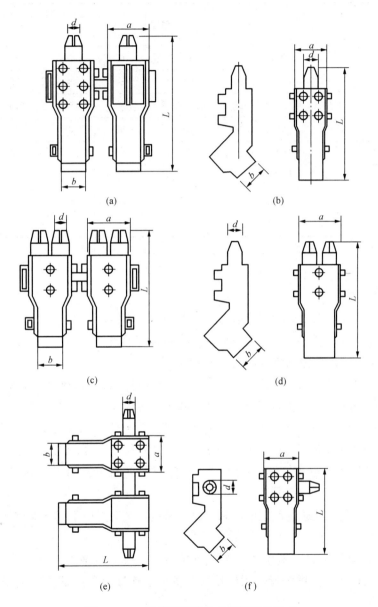

图 2 - 103　螺杆端子线夹绝缘罩结构形式

(a) JD (Z) - 1、JD (Z) - 2 型；(b) JD (Z) - A - 1 型；(c) JDS (Z) - 1、JDS (Z) - 2 型；

(d) JDS (Z) - A - 1 型；(e) JDT (Z) - 1 型；(f) JDT (Z) - A - 1 型

表 2 - 89　　　　　　　　　　**螺杆端子线夹绝缘罩主要尺寸**

型号	适用导线截面 （mm²）	示意图号	适用接头型号	主要参考尺寸（mm）			
				a	b	L	d
JD(Z)-1	50～120	图 2 - 103(a)	JD-1	65	60	180	28
JD(Z)-2	95～240	图 2 - 103(a)	JD-2	80	80	220	35
JD(Z)-A-1	95～240	图 2 - 103(b)	JD-A-1	80	90	220	35
JDS(Z)-1	50～120	图 2 - 103(c)	JDS-1	65	60	180	28
JDS(Z)-2	95～240	图 2 - 103(c)	JDS-2	80	80	220	35
JDS(Z)-A-1	95～240	图 2 - 103(d)	JDS-A-1	80	90	220	35
JDT(Z)-1	95～240	图 2 - 103(e)	JDT-1	140	80	170	35
JDT(Z)-A-1	95～240	图 2 - 103(f)	JDT-A-1	140	90	170	35

注　J—接续金具；D—螺杆端子线夹；Z—绝缘罩；S—双线；T—铜线；A—表示 30°；数字—表示顺序号。

7．技术要求

（1）金具和绝缘罩应没有安装时需卸下的活动部件。

（2）金具设计制造应考虑尽量减少磁滞和涡流损失。

（3）金具紧固件中的螺栓应有防松措施。

（4）金具中的黑色金属部件，其表面均应进行热镀锌防腐处理，对锌锭的要求、镀锌层的质量及厚度应符合 DL/T 768.7 的要求。

（5）耐张线夹握力应不小于被握绝缘导线计算拉断力（CUTS）的 65%。

（6）悬垂线夹握力应不小于被握绝缘导线计算拉断力（CUTS）的 10%。

（7）接续金具中的接续管握力应不小于被握绝缘导线计算拉断力（CUTS）的 95%。

（8）接续金具在通过额定电流和短路电流时，其温度应不高于架空绝缘导线的温度。

（9）接续金具的直流电阻应符合 GB 9327—2008《额定电压 35kV（U_m＝40.5kV）及以下电力电缆导体用压接式和机械式连接金具　试验方法和要求》的规定。

（10）耐张线夹的楔夹板采用增强 ABS 塑料（丙烯腈—丁烯—苯乙烯）或 PBTP 塑料（聚对苯 H 甲酸丁二醇酯）制造时，其热老化前后物理机械性能应符合要求。

（11）绝缘罩应由耐候性绝缘材料制作，耐候性能应符合 GB/T 14049—2008《额定电压 10kV 架空绝缘电缆》的规定。

（12）绝缘罩内可能积聚凝缩水的地方应有面积不小于 20mm^2 的排水孔。

（13）绝缘罩的进出线口应具有确保与所用架空绝缘导线密封的措施。

（14）绝缘罩若采用两半扣拢的结构，则应有锁紧机构，该锁紧机构应能在各种气候条件下使两半可靠结合且不会自动松开。

六、额定电压 10kV 及以下架空裸导线金具

1. 耐张线夹

（1）NEC 型楔形耐张线夹。其结构形式和主要参考尺寸分别见图 2-104 和表 2-90。

表 2-90　　　　　　　NEC 型楔形耐张线夹主要参考尺寸　　　　　　　（mm）

型号	适用铝绞线直径范围	主要参考尺寸		
		B	ϕ	L
NEC-1	6.40	60	17.5	200
NEC-2	8.09～10.20	70	17.5	220
NEC-3	12.90～14.50	80	17.5	240

注　N—耐张线夹；E—楔形；C—C 字形；数字—表示顺序号。

（2）NEU 型楔形耐张线夹。其结构形式和主要参考尺寸分别见图 2-105 和表 2-91。

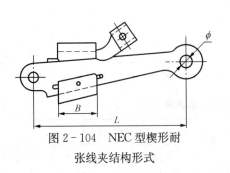

图 2-104　NEC 型楔形耐张线夹结构形式

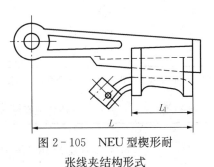

图 2-105　NEU 型楔形耐张线夹结构形式

表 2-91　　　　　　　NEU 型楔形耐张线夹主要参考尺寸　　　　　　　（mm）

型号	适用铝绞线直径范围	主要参考尺寸	
		L	L_1
NEU-1	40～63	190	50
NEU-2	63～100	210	60
NEU-3	100～125	240	80

注　N—耐张线夹；E—楔形；U—U 字形；数字—表示顺序号。

（3）NK、NKK 型楔形耐张线夹。其结构形式和主要参考尺寸分别见图2-106和表2-92、表2-93。

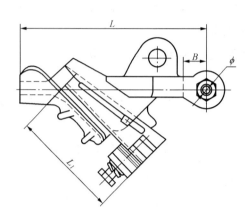

图 2-106　NK、NKK 型楔形耐张线夹结构形式

表 2-92　　　　　　　　　　**NK 型楔形耐张线夹主要参考尺寸**　　　　　　（mm）

型号	适用铝绞线直径范围	主要参考尺寸			
		L	B	L_1	ϕ
NK-1	8.09~10.20	170	24	120	18
NK-2	12.90~14.50	175	24	130	18
NK-3	16.40~18.30	205	24	140	18

注　N—耐张线夹，线夹材料为铝合金；K—卡子；数字—表示顺序号。

表 2-93　　　　　　　　　　**NKK 型楔形耐张线夹主要参考尺寸**　　　　　　（mm）

型号	适用铝绞线直径范围	主要参考尺寸			
		L	B	L_1	ϕ
NKK-1	7.50~9.00	170	24	100	18
NKK-2	10.80~12.48	175	24	110	18
NKK-3	14.25~15.75	205	24	140	18

注　N—耐张线夹；第一位 K—卡子，第二位 K—可锻铸铁；数字—表示顺序号。

（4）螺栓形耐张线夹。其结构形式和主要参考尺寸分别见图 2-107 和表2-94。

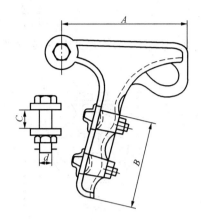

图 2-107 螺栓形耐张线夹结构形式

表 2-94　　　　　　　　　螺栓形耐张线夹主要参考尺寸　　　　　　　　（mm）

型号	适用铝绞线直径范围	主要参考尺寸				U形螺丝	
		c	d	A	B	规格	个数
NLL-16	6.40～8.09	16	16	140	115	M12	2
NLL-19	10.20～12.90	19	16	160	120	M12	2
NLL-22	14.50～16.40	22	16	170	125	M12	2
NLL-29	18.30～20.50	29	16	200	130	M12	2

注　N—耐张线夹，材料为铝合金；第一位 L—螺栓形，第二位 L—铝合金；数字—表示线夹开档。

（5）预绞式铝绞线用耐张线夹。其主要结构形式和主要参考尺寸分别见图 2-108 和表 2-95。

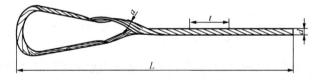

图 2-108　预绞式铝绞线用耐张线夹主要结构形式

表 2-95　　　　　　　　预绞式铝绞线用耐张线夹主要参考尺寸　　　　　　　（mm）

型号	适用铝绞线直径范围	主要参考尺寸				
		a	d	t	L	根数
NL-25/LJ	6.40	2.15	5.2	65	650	5
NL-40/LJ	8.09	2.32	6.7	75	800	5
NL-60/LJ	10.20	2.63	8.4	95	1050	5
NL-10/LJ	12.90	2.90	10.7	120	1250	5
NL-125/LJ	14.50	3.60	12.0	135	1400	6

注　N—耐张线夹；L—螺旋预绞式；数字—表示导线规格号；LJ—铝绞线。

2. 接续金具

（1）异径铜铝并沟线夹。其主要结构形式和主要参考尺寸分别见图2-109和表2-96。

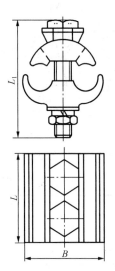

图2-109　异径铜铝并沟线夹主要结构形式

表2-96　　　　　　　　异径铜铝并沟线夹主要参考尺寸　　　　　　　　（mm）

型号	适用铝绞线直径范围	主要参考尺寸		
		L	L_1	B
JBY-1	5.12～14.50	45	48	66
JBY-2	8.09～20.50	45	60	70

注　J—接续；B—并沟；Y—异径；数字—表示顺序号。

（2）楔形并沟线夹（弹射型）。其结构形式和主要参考尺寸分别见图2-110和表2-97。

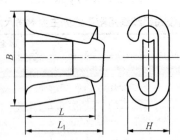

图2-110　楔形并沟线夹（弹射型）结构形式

表 2-97　　　　　　　　**楔形并沟线夹（弹射型）主要参考尺寸**　　　　　　（mm）

型号	适用铝绞线直径范围		主要参考尺寸			
	主线	支线	L	L_1	B	H
JED-1	10.50～11.50	6.40～7.40	42	50	66	26
JED-2	15.00～16.00	6.40～7.40	42	50	66	26
JED-3	10.50～11.50	10.50～11.50	42	50	66	26
JED-5	15.00～16.00	10.50～11.50	42	50	66	26
JED-6	15.00～16.00	15.00～16.00	50	56	68	28

注　J—接续；E—楔形；D—弹射；数字—表示顺序号。

（3）C形线夹。其结构形式和主要参考尺寸分别见图 2-111 和表 2-98。

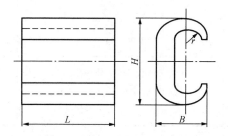

图 2-111　C形线夹结构形式

表 2-98　　　　　　　　　　**C形线夹主要参考尺寸**　　　　　　　　　（mm）

型号	适用铜绞线直径范围	主要参考尺寸			
		B	H	L	r
JC-25T	6.45	12.4	20	20	3.4
JC-35T	7.50	16.0	25	20	4.0
JC-50T	9.00	21.0	34	27	5.0
JC-70T	10.80	22.5	35	27	6.5

注　J—接续；C—C形；T—铜；数字—表示绞线截面积（mm²）。

（4）H形线夹。其结构形式和主要参考尺寸分别见图 2-112 和表 2-99。

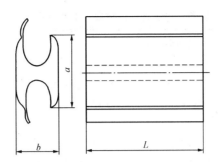

图 2 - 112　H 形线夹结构形式

表 2 - 99　　　　　　　　　　　**H 形线夹主要参考尺寸**　　　　　　　　　　（mm）

型号	连接方式	适用铝绞线直径范围	主要参考尺寸		
			a	b	L
JH - 1	等径	6.45～7.50	29	18	45
JH - 2		9.00～10.80	38	23	45
JH - 3		12.90～14.50	38	23	70
JH - 21	异径	9.00～10.80/6.45～7.50	30	23	45
JH - 31		12.90～14.50/6.45～7.50	38	23	45
JH - 32		12.90～14.50/9.00～10.80	38	23	70

注　J—接续；H—H 形；数字—连接方式为等径的型号数字表示顺序号，连接方式为异径的型号第一个数字表示母线直径范围，第二个数字表示子线直径范围。

（5）单槽铜线夹。其结构形式和主要参考尺寸分别见图 2 - 113 和表 2 - 100。

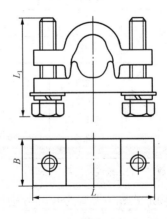

图 2 - 113　单槽铜线夹结构形式

表 2-100 单槽铜线夹主要参考尺寸 (mm)

型号	适用绞线直径范围	主要参考尺寸		
		L	B	L_1
JDT-1	9.00~10.80	45	20	45
JDT-2	12.00~14.50	55	22	55

注 J—接续；D—单槽；T—铜；数字—表示顺序号。

3. 技术要求

（1）耐张线夹的握力不得低于被连接铝绞线计算拉断力（CUTS）的 65%。

（2）铸造铝合金线夹部件表面可采取喷丸处理，但不允许氧化处理。

（3）耐张线夹线槽要求增加摩擦力措施时，不得损伤导线表面降低导线机械强度。

（4）所有线夹的线槽出口应有一定的圆角。

（5）楔形耐张线夹、接续线夹及楔子应有防退出结构，任何情况下线夹本体与楔体不应分离。

七、绝缘子

（1）悬式绝缘子。悬式绝缘子在 10kV 及以上电压等级的线路应用很广泛，应用时，可以将绝缘子按照设计要求的片数组装成串；其型式有单串、双串、三串和 V 形串等。

悬式绝缘子按照制造材料可以分为瓷绝缘子和钢化玻璃绝缘子；按照连接方式可以分为槽形连接和球窝形连接；按照防污能力可以分为普通型和防污型。

瓷绝缘子具有机械强度高、绝缘性能好、不受温度急剧变化的影响、耐受自然侵蚀及抗老化等特点。

盘形悬式绝缘子有普通型（如图 2-115 所示），按连接方式又有球窝与槽形之分。现行标准 GB/T 7253—2005《标称电压高于 1000V 的架空线路绝缘子——交流系统用瓷或玻璃绝缘子件——盘形悬式绝缘子件的特性》中，盘形悬式绝缘子的型号表示方法如图 2-114 所示。

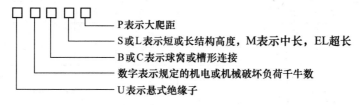

图 2-114 盘形悬式绝缘子的型号表示方法

如 U70BLP 表示大爬距、长结构高度、球窝形连接、机电破坏负荷为 70kN 的悬式绝缘子。

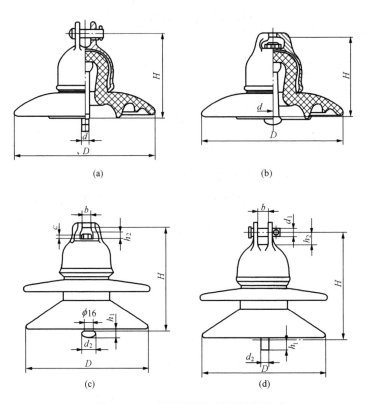

图 2 - 115　悬式普通绝缘子结构形式

(a)、(d) —槽形连接；(b)、(c) —球窝形连接

GB/T 7253—2005 典型盘形悬式绝缘型号见表 2 - 101。

表 2 - 101　　　　GB/T 7253—2005 典型盘形悬式绝缘型号

GB/T 7253—2005 型号	GB/T 7253—1987 或 JB 9681—1999 型号	机电或机械最大公称破坏负荷 (kN)	绝缘件的最大公称直径 D (mm)	公称结构高度 P (mm)	最小公称爬电距离 (mm)	标准连接标记 d_1	备注
U70BS	XP - 70	70	255	127	295	16	
U70BL	XP1 - 70	70	255	146	295	16	
	LXP1 - 70						
U70BL	XWP2 - 70	70	255	146	400	16	
U70BEL	XWP1 - 70	70	255	160	400	16	适用于国内使用
	XHP1 - 70						
U70BELP	XWP3 - 70	70	280	160	450	16	

续表

GB/T 7253—2005型号	GB/T 7253—1987或 JB 9681—1999型号	机电或机械破坏负荷（kN）	绝缘件的最大公称直径D（mm）	公称结构高度P（mm）	最小公称爬电距离（mm）	标准连接标记d_1	备注
U100BL	XP-100	100	255	146	295	16	
	LXP-100						
U100BEL	XWP1-100	100	255	160	400	16	适用于国内使用
U100BELP	XWP2-100		280		450		
U100BEL	XHP1-100		270		400		
U120B	XP-120	120	255	146	295	16	
	LXP-120						
U160BS	XP2-160	160	280	146	330	20	
U160BM	XP-160	160	255	155	305	20	适用于国内使用
	LXP-160				330		
	XWP1-160		280	160	400		
	XWP6-160						
	XHP1-160						
	XAP1-160		300				

　　钢化玻璃绝缘子基本性能与瓷绝缘子相似。它区别于瓷绝缘子的主要特点是不用测量它的零值，在低值与零值时能自爆，便于在运行的线路上发现它的缺陷，这是它的优点所在。

　　但是，它的缺点也是与自爆并存的。其抗受外力撞击能力比瓷绝缘子低，且不能适应外界温度的急剧变化，自爆率较高，因此，给线路的运行维护带来很大的负担。并且，在仓库中存放时亦有自爆现象。

　　悬式钢化玻璃绝缘子型号为 LXP-×××或 LXWP-×××，L 表示钢化玻璃，其余符号同前。

　　（2）针式绝缘子。针式绝缘子用在电压不超过 35kV 线路上，根据绝缘子爬距的不同，分为普通型和加强型。绝缘子根据其铁脚型式不同分为短脚、长脚和弯脚三种。

　　例：针式绝缘子型式代号：P-10T/M；PQ-10T/M；P-10WC；PD-1T。

　　其中，P——针式绝缘子；Q——加强型；T——铁横担直脚；M——木横担直脚；W——弯脚；C——加长；D——低压；数字——额定电压，kV。

高压针式绝缘子结构形式、主要尺寸和主要性能分别见图 2 - 116、表 2 - 102 和表 2 - 103。

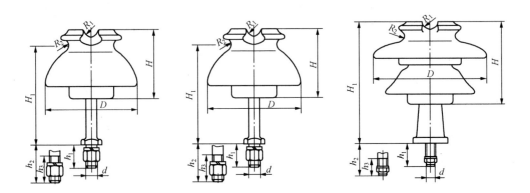

图 2 - 116　高压针式绝缘子结构形式

表 2 - 102 　　　　　　　　　　　**高压针式绝缘子主要尺寸**

序号	产品型号	主要尺寸(mm)									质量 (kg)
		H	H_1	h_1	h_2	h_3	D	d	R_1	R_2	
1	P - 6T	90	133	35	—	—	125	M16	11	9	1.40
2	P - 6M	90	133	—	140	50	125	M16	11	9	1.50
3	P - 10T	105	151	35	—	—	145	M16	11	9	2.00
4	P - 10M	105	151	—	140	50	145	M16	11	9	2.20
5	P - 10WC	105	151	—	165	60	145	M16	11	9	2.25
6	P - 15T	120	185	40	—	—	190	M20M16	13	11	3.20
7	P - 15M	120	185	—	140	50	190	M20M16	13	11	3.50
8	P - 15MC	120	185	—	165	60	190	M20M16	13	11	4.00
9	P - 20T	165	245	45	—	45	230	M20	14	13	6.20
10	P - 20M	165	245	—	180	75	230	M20	14	13	6.60

表 2 - 103　　　　　　　　高压针式绝缘子主要性能

产品型号	标准雷电冲击全波耐受电压不小于	工频湿耐受电压(kV)	工频击穿电压(kV)	瓷件弯曲破坏负荷不小于(kN)	最小公称爬电距离(mm)
		(有效值)不小于			
P - 6T	65	24	65	13.7	150
P - 6M	65	24	65	13.7	150
P - 10T	75	28	95	13.7	195
P - 10M	75	28	95	13.7	195
P - 10WC	75	28	95	13.7	195
P - 15T	110	38	98	13.7	280
P - 15M	110	38	98	13.7	280
P - 15MC	110	38	98	13.7	280
P - 20T	140	48	111	13.2	370
P - 20M	140	48	111	13.2	370

低压针式绝缘子结构形式和主要性能分别见图 2 - 117 和表 2 - 104。

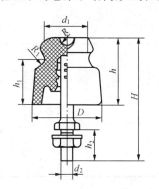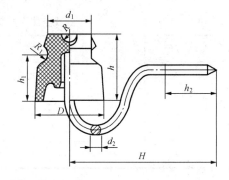

图 2 - 117　低压针式绝缘子结构形式

表 2 - 104　　　　　　　　低压针式绝缘子主要性能

型号	机械破坏负荷不小于(kN)	质量(kg)	型号	机械破坏负荷不小于(kN)	质量(kg)
PD - 1	9.8	0.32	PD - 2M	5.9	0.79
PD - 1T	9.8	0.45	PD - 2W	5.9	0.85
PD - 1M	9.8	0.55	PD - 3	3	0.27
PD - 1W	9.8	0.55	PD - 3T	7	0.7
PD - 2	5.9	0.42	PD - 3M	7	0.76
PD - 2T	5.9	0.69			

（3）蝶式绝缘子。蝶式绝缘子也称茶台，通常与悬式绝缘子配合，安装在10kV 及以下电压等级线路的终端支架或耐张杆塔处。

型式代号中：E——蝶式绝缘子；D——低压。

蝶式绝缘子结构形式、主要尺寸和主要性能分别见图 2－118、表 2－105 和表2－106。

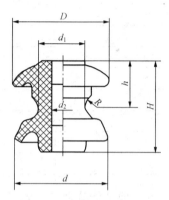

图 2－118　蝶式绝缘子结构形式

表 2－105　　　　　　　　　　蝶式绝缘子主要尺寸　　　　　　　　　　（mm）

型号	H	h	D	d	d_1	d_2	R
ED－1	90	46	100	95	50	22	12
ED－2	75	38	80	75	42	20	10
ED－3	65	34	70	65	36	16	8
ED－4	50	26	60	55	30	16	6

表 2－106　　　　　　　　　　蝶式绝缘子主要性能

型号	机械破坏负荷 不小于(kN)	质量 (kg)	型号	机械破坏负荷 不小于(kN)	质量 (kg)
ED－1	11.8	0.75			
ED－2	9.8	0.65	ED－2C	13.2	0.5
ED－3	7.8	0.25	ED－2－1	11.8	0.45
ED－4	4.9	0.14	ED－3－1	7.8	0.15
ED－2B	12.7	0.48	ED－3A	13.2	0.5

（4）拉紧绝缘子。其结构形式和主要尺寸分别见图 2－119 和表 2－107。

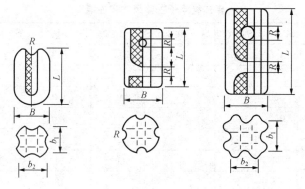

图 2-119 拉紧绝缘子结构形式

表 2-107 拉紧绝缘子主要尺寸

型号	试验电压 (kV)	机械破坏负荷 (KN)	主要尺寸(mm)							质量 (kg)
			L	B	b_1	b_2	d_1	d_2	R	
J-2	10	19.6	72	43	30	30	—	—	8	0.2
J-45	15	44.1	90	58	45	45	14	14	10	1.1
J-9	25	88.3	172	89	60	60	25	25	14	2.0

（5）棒式绝缘子。其结构形式和主要尺寸和性能见图 2-120 和表 2-108。

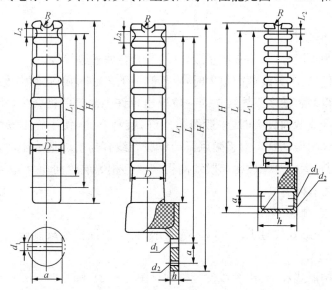

图 2-120 棒式绝缘子结构形式

表 2-108　　　　　　　　棒式绝缘子主要尺寸和性能

型号		SC-165	SC-185	SC-280	SC-10/2.5	SC1-10/2.5	S1-10/2.5	S-35/5.0	S2-35/5.0
主要尺寸	H	400	450	600	470	535	570	670	705
	D	75	82	110	75	82	110	115	135
	L	340	390	530	390	440	400	580	620
	L_1	315	365	490	315	365	320	490	520
	L_2	22	22	26	22	22	28	28	28
	R	11	11	13	11	11	14	14	14
	d_1	18	18	22	18	18	18	22	22
	d_2	—	—	—	6.5	6.5	11	11	11
	H	—	—	—	14	14	140	140	140
	a	68	72	90	40	40(30)	40(30)	40(35)	40(35)
爬电距离 (mm)		320	380	700	320	380	360	700	1120
冲击耐受电压(kV)		165	185	250	165	185	165	250	265
工频湿耐受电压(kV)		45	50	85	45	50	45	85	100
机械弯曲破坏负荷(kN)		2.5	2.5	5	2.5	2.5	5	5	5

八、导线

1. 导线结构形式

导线可分为单股导线、单金属多股绞线、复合金属多股绞线。

多股绞线优点:①导线截面很大时,由于制造工艺、外力引起的强度降低,单股线比多股绞线大得多。②多股导线在同一位置出现许多缺陷的机会少,比单股线安全可靠性高。③导线截面较大时,多股线柔性好,容易弯曲,便于施工安装,也便于制造。④多股绞线耐振性好。由于微风振动单股导线容易折断造成事故,而多股绞线则不易发生折断,运行可靠性比单股线高得多。⑤相邻层绞向相反,无特殊要求时,最外层绞向应为右向。

2. 导线型号、种类

(1)铝绞线。形式代号 JL-500-37 表示由 37 根硬铝线绞制成的铝绞线,其标称截面为 500mm^2。

铝绞线结构形式和 JL 铝绞线性能分别见图 2-121 和表 2-109。

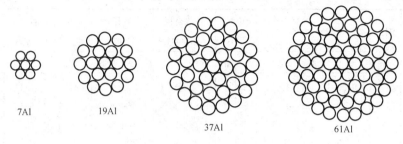

图 2-121 铝绞线结构形式

表 2-109   JL 铝绞线性能

标称截面	规格号	计算面积 (mm²)	单线根数	直径（mm）		单位长度质量(kg/km)	额定拉断力 (kN)	直流电阻(20℃) (Ω/km)
				单线	绞线			
10	10	10	7	1.35	4.05	27.4	1.95	2.8633
16	16	16	7	1.71	5.12	43.8	3.04	1.7896
25	25	25	7	2.13	6.40	68.4	4.50	1.1453
40	40	40	7	2.70	8.09	109.4	6.80	0.7158
63	63	63	7	3.39	10.2	172.3	10.39	0.4545
100	100	100	19	2.59	12.9	274.8	17.00	0.2877
125	125	125	19	2.89	14.5	343.6	21.25	0.2302
160	160	160	19	3.27	16.4	439.8	26.40	0.1798
200	200	200	19	3.66	18.3	549.7	32.00	0.1439
250	250	250	19	4.09	20.5	687.1	40.00	0.1151
315	315	315	37	3.29	23.0	867.9	51.97	0.0916
400	400	400	37	3.71	26.0	1102.0	64.00	0.0721

（2）钢芯铝绞线。JL/G1A-500/35-45/7 表示由 45 根硬铝线和 7 根 A 级镀层普通强度镀锌钢线绞制成的钢芯铝绞线，硬铝线的标称截面为 $500mm^2$，钢的标称截面为 $35mm^2$。

钢芯铝绞线结构形式和 JL/G1A 钢芯铝绞线性能分别见图 2-122 和表 2-110。

图 2-122 钢芯铝绞线结构形式

表 2–110　　　　　　　　JL/G1A 钢芯铝绞线性能

标称截面铝/钢	钢比(%)	面积(mm²)			单线根数		单线直径(mm)		直径(mm)		单位长度质量(kg/km)	额定抗拉力(kN)	直流电阻(20℃)(Ω/km)
		铝	钢	总和	铝	钢	铝	钢	钢芯	绞线			
10/2	17	10.60	1.77	12.37	6	1	1.50	1.50	1.50	4.50	42.8	4.14	2.7062
16/3	17	16.13	2.69	18.82	6	1	1.85	1.85	1.85	5.55	65.1	6.13	1.7791
35/6	17	34.86	5.81	40.67	6	1	2.72	2.72	2.72	8.16	140.8	12.55	0.8230
50/8	17	48.25	8.04	56.30	6	1	3.20	3.20	3.20	9.60	194.8	16.81	0.5946
50/30	58	50.73	29.59	80.32	12	7	2.32	2.32	6.96	11.6	371.1	42.61	0.5693
70/10	17	68.05	11.34	79.39	6	1	3.80	3.80	3.80	11.4	274.8	23.36	0.4217
70/40	58	69.73	40.67	110.40	12	7	2.72	2.72	8.16	13.6	510.2	58.22	0.4141
95/15	16	94.39	15.33	109.73	26	7	2.15	1.67	5.01	13.6	380.2	34.93	0.3059
95/20	20	95.14	18.82	113.96	7	7	4.16	1.85	5.55	13.9	408.2	37.24	0.3020
95/55	58	96.51	56.30	152.81	12	7	3.20	3.20	9.60	16.0	706.1	77.85	0.2992
120/7	6	118.89	6.61	125.50	18	1	2.90	2.90	2.90	14.5	378.5	27.74	0.2422
120/20	16	115.67	18.82	134.49	26	7	2.38	1.85	5.55	15.1	466.1	42.26	0.2496
120/25	20	122.48	24.25	146.73	7	7	4.72	2.10	6.30	15.7	525.7	47.96	0.2346
120/70	58	122.15	71.25	193.40	12	7	3.60	3.60	10.8	18.0	893.7	97.92	0.2364
150/8	6	144.76	8.04	152.80	18	1	3.20	3.20	3.20	16.0	460.9	32.73	0.1990
150/20	13	145.68	18.82	164.50	24	7	2.78	1.85	5.55	16.7	548.5	46.78	0.1981
150/25	16	148.86	24.25	173.11	26	7	2.70	2.10	6.30	17.1	600.1	53.67	0.1940
150/35	23	147.26	34.36	181.62	30	7	2.50	2.50	7.50	17.5	675.0	64.94	0.1962
185/10	6	183.22	10.18	193.40	18	1	3.60	3.60	3.60	18.0	583.3	40.51	0.1572
185/25	13	187.03	24.25	211.28	24	7	3.15	2.10	6.30	18.9	704.9	59.23	0.1543
185/30	16	181.34	29.59	210.93	26	7	2.98	2.32	6.96	18.9	731.4	64.56	0.1592
185/45	23	184.73	43.10	227.83	30	7	2.80	2.80	8.40	19.6	846.7	80.54	0.1564
210/10	6	204.14	11.34	215.48	18	1	3.80	3.80	3.80	19.0	649.9	45.14	0.1411
210/25	13	209.02	27.10	236.12	24	7	3.33	2.22	6.66	20.0	787.8	66.19	0.1380
210/25	16	211.73	34.36	246.09	26	7	3.22	2.50	7.50	20.4	852.5	74.11	0.1364
210/50	23	209.24	48.82	258.06	30	7	2.98	2.98	8.94	20.9	959.0	91.23	0.1381
240/30	13	244.29	31.67	275.96	24	7	3.60	2.40	7.20	21.6	920.7	75.19	0.1181
240/40	16	238.84	38.90	277.74	26	7	3.42	2.66	7.98	21.7	962.8	83.76	0.1209
240/55	23	241.27	56.30	297.57	30	7	3.20	3.20	9.60	22.4	1105.8	101.74	0.1198

续表

标称截面铝/钢	钢比（%）	面积(mm²)			单线根数		单线直径（mm）		直径（mm）		单位长度质量（kg/km）	额定抗拉力（kN）	直流电阻（20℃）（Ω/km）
		铝	钢	总和	铝	钢	铝	钢	钢芯	绞线			
300/15	5	296.88	15.33	312.21	42	7	3.00	1.67	5.01	23.0	938.7	68.41	0.0973
300/20	7	303.42	20.91	324.32	45	7	2.93	4.95	5.85	23.4	1000.8	76.04	0.0852
300/25	9	306.21	27.10	333.31	48	7	2.85	2.22	6.66	23.8	1057.0	83.76	0.0944
300/40	13	300.09	38.90	338.99	24	7	3.99	2.66	7.98	23.9	1131.0	92.36	0.0961
300/50	16	299.54	48.82	348.37	26	7	3.83	2.98	8.94	24.3	1207.7	103.58	0.0964
300/70	23	305.36	71.25	376.61	30	7	3.60	3.60	10.8	25.2	1399.6	127.23	0.0946
400/20	5	406.40	20.91	427.31	42	7	3.51	1.95	5.85	26.9	1284.3	89.48	0.0710
400/25	7	391.91	27.10	419.01	45	7	3.33	2.22	6.66	26.6	1293.5	96.37	0.0737
400/35	9	390.88	34.36	425.24	48	7	3.22	2.50	7.50	26.8	1347.5	103.67	0.0739
400/65	16	398.94	65.06	464.00	26	7	4.42	3.44	10.3	28.0	1608.7	135.39	0.0724
400/95	23	407.75	93.27	501.02	30	19	4.16	2.50	12.5	29.1	1856.7	171.56	0.0709
500/45	9	488.58	43.10	531.68	48	7	3.60	2.80	8.40	30.0	1685.5	127.31	0.0591
630/55	9	639.92	56.30	696.22	48	7	4.12	3.20	9.60	34.3	2206.4	164.31	0.0452
800/55	7	814.30	56.30	870.60	45	7	4.80	3.20	9.60	38.4	2687.5	192.22	0.0355
800/70	9	808.15	71.25	879.40	48	7	4.63	3.60	10.8	38.6	2787.6	207.68	0.0358

（3）镀锌钢绞线。JG1A－250－19 表示由 19 根 A 级镀层普通强度镀锌钢线绞制成的镀锌钢绞线，钢线的标称截面为 250mm²。

JG1A、JG1B、JG2A、JG3A 钢绞线性能见表 2－111。

表 2-111　　　　　　JG1A、JG1B、JG2A、JG3A 钢绞线性能

标称截面钢	规格号	面积（mm²）	单线根数 n	直径(mm)		单位长度质量（kg/km）	额定拉断力（kN）				直流电阻（20℃）（Ω/km）
				单线	绞线		JG1A	JG1B	JG2A	JG3A	
30	4	27.1	7	2.22	6.66	213.3	36.3	33.6	39.3	43.9	7.1445
40	6.3	42.7	7	2.79	8.36	335.9	55.9	51.7	60.2	67.9	4.5362
65	10	67.8	7	3.51	10.53	533.2	87.4	80.7	93.5	103.0	2.8578
85	12.5	84.7	7	3.93	11.78	666.5	109.3	100.8	116.9	128.8	2.2862
100	16	108.4	7	4.44	13.32	853.1	139.9	129.0	199.7	164.8	1.7861

续表

标称截面钢	规格号	面积(mm²)	单线根数 n	直径(mm) 单线	直径(mm) 绞线	单位长度质量(kg/km)	额定拉断力(kN) JG1A	JG1B	JG2A	JG3A	直流电阻(20℃)(Ω/km)
100	16	108.4	19	2.70	13.48	857.0	142.1	131.2	152.9	172.4	1.7944
150	25	169.4	19	3.37	16.85	1339.1	218.6	201.6	238.9	262.6	1.1484
250	40	271.1	19	4.26	21.31	2142.6	349.7	322.6	374.1	412.1	0.7177
250	40	271.1	37	3.05	21.38	2148.1	349.7	322.6	382.3	420.2	0.7196
400	63	427.0	37	3.83	26.83	3383.2	550.8	508.1	589.3	649.0	0.4569

1×7 结构镀锌钢绞线规格见表 2-112。

表 2-112　　　　　　　　1×7 结构镀锌钢绞线规格

直径(mm) 钢绞线	钢丝	全部钢丝断面积(mm²)	参考质量(kg/km)	公称抗拉强度(N) 1100	1250	1400	1550	1700
				钢丝破断拉力总和不小于(N)				
1.8	0.6	1.98	1.69	—	2480	2770	3060	3360
2.1	0.7	2.69	2.30	—	3360	3760	4160	4570
2.4	0.8	3.54	3.01	—	4400	4920	5480	5980
2.7	0.9	4.45	3.81	—	5560	6230	6890	7560
3.0	1.0	5.50	4.70	6050	6800	7700	8520	9350
3.3	1.1	6.65	5.09	7310	8300	9310	10 300	11 300
3.6	1.2	7.91	6.77	8700	9890	11 000	12 200	13 400
3.9	1.3	9.29	7.95	10 200	11 600	13 000	14 300	15 700
4.2	1.4	10.77	9.23	11 800	13 400	15 000	16 600	18 300
4.5	1.5	12.36	10.55	13 600	15 400	17 300	19 100	21 000
4.8	1.6	14.07	12.05	15 400	17 600	19 600	21 800	23 900
5.1	1.7	15.88	13.60	17 400	19 800	22 200	24 600	26 900
5.4	1.8	17.80	15.22	19 500	22 300	24 900	27 500	30 200
6.0	2.0	21.98	18.82	24 100	27 500	30 700	34 000	37 300
6.6	2.2	26.60	22.77	29 200	33 200	37 200	41 200	45 200
7.2	2.4	31.65	27.09	34 800	39 500	44 300	49 000	53 800
7.8	2.6	37.15	31.82	40 800	46 400	52 000	57 500	63 100
8.4	2.8	43.08	36.86	47 300	53 800	60 300	66 700	
9.0	3.0	49.46	42.37	54 400	61 800	69 200	76 600	
9.6	3.2	56.27	48.18	61 800	70 300	78 700		
10.5	3.6	67.31	57.65	74 000	84 100			
11.4	3.8	79.35	67.96	87 300	99 100			
12.0	4.0	87.92	75.33	96 700	109 900			

1×19 结构镀锌钢绞线规格见表 2－113。

表 2－113　　　　　　　　　　　1×19 结构镀锌钢绞线规格

直径(mm)		全部钢丝断面积	参考质量	公称抗拉强度(N)				
		(mm²)	(kg/km)	1100	1250	1400	1550	1700
钢绞线	钢丝			钢丝破断拉力总和不小于(N)				
5.0	1.0	14.92	12.70	16 400	18 600	20 800	23 100	25 300
5.5	1.1	18.05	15.37	19 800	22 500	25 200	27 900	30 600
6.0	1.2	21.48	18.29	23 600	26 800	30 000	33 200	36 500
6.5	1.3	25.21	21.47	27 700	31 500	35 200	39 000	42 800
7.0	1.4	29.23	24.92	32 100	36 500	40 900	45 300	49 600
9.0	1.8	48.32	41.11	53 100	60 400	67 600	74 800	82 100
10.0	2.0	59.66	50.82	65 600	74 500	83 500	92 400	101 000
11.0	2.2	72.19	61.50	79 400	90 200	101 000	111 500	122 500
12.0	2.4	85.91	73.15	94 500	107 300	120 000	133 000	146 000
12.5	2.5	93.22	79.45	102 500	116 500	130 500	144 400	158 400
13.0	2.6	100.83	85.94	110 500	126 000	141 000	156 000	171 000
14.0	2.8	116.93	99.50	128 500	146 100	163 500	181 000	
15.0	3.0	134.24	114.40	147 500	167 800	187 500	208 000	

1×37 结构镀锌钢绞线规格见表 2－114。

表 2－114　　　　　　　　　　　1×37 结构镀锌钢绞线规格

直径(mm)		全部钢丝断面积	参考质量	公称抗拉强度(N)				
		(mm²)	(kg/km)	1100	1250	1400	1550	1700
钢绞线	钢丝			钢丝破断拉力总和不小于(N)				
7.0	1.0	29.05	24.60	31 900	36 300	40 600	45 000	49 300
7.7	1.1	35.14	29.75	38 600	43 900	49 100	54 400	59 700
9.1	1.3	49.08	41.53	53 900	61 300	68 700	76 000	83 400
9.8	1.4	56.93	48.17	62 600	71 100	79 700	88 200	96 700
12.6	1.8	94.11	79.39	103 500	117 600	131 500	145 800	159 500
14.0	2.0	116.18	98.10	127 500	145 200	162 500	180 000	197 500
15.5	2.2	140.58	118.70	154 500	189 700	196 500	217 500	238 500
16.8	2.4	167.30	141.10	184 000	209 100	234 000	259 300	284 000
17.5	2.5	181.53	152.90	199 500	226 900	254 000	281 300	308 600
18.2	2.6	196.34	165.80	215 500	245 400	274 500	304 300	333 500
19.6	2.8	227.71	192.00	250 000	284 600	318 500	352 900	
21.0	3.0	261.41	220.70	287 500	326 700	365 500	405 100	

注　1. 整条钢绞线破断拉力＝钢丝破断拉力总和×换算系数。

　　　换算系数：1×7 结构为 0.92；1×19 结构为 0.89；1×37 结构为 0.85。

　　2. 供需双方协议，可以生产表 2－114 以外的抗拉强度的钢绞线和进行整条钢绞线破断拉力试验。

（4）铝包带。铝包带是用铝制造的长条形铝带，用于导线的绑扎、固定，以防止导线受力时损伤。常见的铝包带规格有厚度为 1mm，宽度为 10、12、14、16mm 几种规格。

技能训练

一、训练任务

1. 送电线路工

（1）组装 110kV 直线杆塔单串金具绝缘子串（带单导线）。

（2）组装 110kV 耐张杆塔单串金具绝缘子串（螺栓式耐张线夹、带单导线）。

（3）组装 220kV 直线杆塔双串金具绝缘子串（带单导线）。

（4）组装 220kV 耐张杆塔双串金具绝缘子串（压接型耐张线夹、带单导线）。

2. 配电线路工

组装 10kV 耐张杆塔金具绝缘子串（螺栓式耐张线夹、带导线）。

二、训练准备

1. 送电线路工

球头挂环 QP-7 型 2 只，碗头挂板 W-7B 型 2 只、WS-7 型 2 只，悬垂线夹 CGU-3 型 2 只，U 形挂环 U-7 型 4 只，延长环 PH-7 型 1 只，直角挂板 Z-7 型 2 只，L 型联板 L-1240 型 1 块，LS 型联板 LS-1255 型 1 块，耐张线夹 NL-3 型 1 只、NY-150/20 型 1 只，悬式绝缘子 XP-70 型 30 片，导线 LGJ-150/20 型 2.5m 左右 2 段，弹簧销、铝包带若干；个人工具 1 套。

2. 配电线路工

直角挂板 Z-7 型 1 只，球头挂环 QP-7 型 1 只，悬式绝缘子 XP-70 型 3 片，碗头挂板 W-7B 型 1 只，耐张线夹 NL-2 型 1 只，导线 LGJ-70/10 型 2.5m 左右 2 段，弹簧销、铝包带若干；个人工具 1 套。

三、工艺要求及评分标准

工艺要求及评分标准见表 2-115。

表 2-115　　　　　　　　　工艺要求及评分标准

序号	工艺要求	评分标准	配分	扣分	得分
1	材料型号、规格选择正确	每错一件扣 2 分	10		
2	材料外观检查完善	每存在一处缺陷扣 2 分	10		
3	组装工艺正确	（1）顺序每错一处扣 3 分； （2）方向每错一处扣 3 分； （3）其他每错一处扣 2 分	40		

续表

序号	工艺要求	评分标准	配分	扣分	得分
4	工器具使用正确	(1) 错误使用工器具每次扣2分； (2) 工具随地乱放，每件次扣1分	10		
5	现场整理洁净	每件遗留物扣1分	10		
6	安全生产	(1) 损坏器材每件扣3分； (2) 不文明操作扣10分	20		
备注	时间	合计	100		
	30min	教师签字			

思考与练习

1. 输配电线路上使用的金具按其作用有哪些分类？

2. 试述连接金具的作用。

3. 金具在配电线路中的作用有哪些？

4. 配电线路常用的裸导线结构有哪些？举例说明。

5. 配电线路上的绝缘子有什么作用？对其有什么要求？

6. 输配电线路上使用的绝缘子有哪几种？

7. 10kV 配电线路上对绝缘子安装有什么要求？

8. 铝导线在针式绝缘子上固定时如何缠绕铝包带？

9. 线路施工中，对开口销或闭口销安装有什么要求？

10. 当采用 UT 型线夹或花篮螺丝固定拉线时，对 UT 型线夹和花篮螺丝的安装有什么要求？

11. 线路金具在使用前应符合哪些要求？

12. 绝缘子、瓷横担的外观检查有哪些规定？

任务二 线路常用工器具

学习目标

1. 能说出配电线路常用基本工具的种类、使用方法和保管要求。

2. 能正确使用工器具。

任务描述

为了顺利地完成电力线路的各项工作，需要使用很多工器具，用来保证人身安全、降低劳动强度、保证作业质量、加快工程进度。这里，我们着重学习电力线路工作常用的基本工器具的使用与维护保管。

学习内容

一、线路常用工器具

（一）验电器

1. 低压验电器

它是检验导线、电器和电气设备是否带电的常用工具，可分为低压和高压两种。低压验电器又称测电笔（简称电笔），有钢笔式、螺丝刀式和液晶显示式等多种，如图2-123所示。钢笔式低压验电器由氖管、电阻、弹簧和笔尖组成，使用时，必须按照图2-124所示的正确方法把笔握妥，防止发生触电事故。正确的方法为：以手指触及笔尾的金属体，使氖管小窗背光朝向自己。当用电笔测试带电体时，电流经带电体、电笔、人体到大地，形成通电回路，只要带电体与大地之间的电位差超过60V时，电笔中的氖管就会发光。低压验电笔检测电压的范围为60～500V。

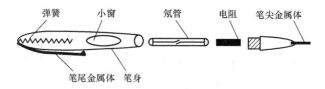

图2-123　低压验电器结构

图2-124　低压验电器的握法

2. 高压验电器

高压验电器结构分为指示器和支持器两部分。指示器是用绝缘材料制成的一根空心管子，管子上端装有金属制成的工作触头，里面装有氖灯和电容器。支持器由绝缘部分和握手部分组成，绝缘和握手部分用胶水或硬橡胶制成。高压验电器的工作触头接近或接触带电设备时，则有电容电流通过氖灯，氖灯发光，即表明设备带电。高压验电器的结构如图2-125所示。

使用高压验电器注意事项。

（1）使用前确认验电器电压等级与被验设备或线路的电压等级一致。

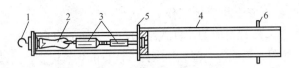

图 2-125　高压验电器结构

1—工作触头；2—氖灯；3—电容器；4—绝缘杆；5—接地螺丝；6—隔离护环

（2）验电前后，应在有电的设备上试验，验证验电器良好。

（3）验电时，验电器应逐渐靠近带电部分，直到氖灯发亮为止，不要直接接触带电部分。

（4）验电时，验电器不装接地线，以免操作时接地线碰到带电设备造成接地短路或电击事故。如在木杆或木构架上验电，不接地不能指示者，验电器可加装接地线。

（5）验电时应戴绝缘手套，手不超过握手的隔离护环。

（6）高压电器每半年试验一次。

（7）使用高压验电器验电时，应一人测试，一人监护；测试人必须戴好符合耐压等级的绝缘手套；测试时要防止发生相间或对地短路事故；人体与带电体应保持足够的安全距离。

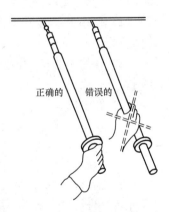

（8）在雪、雨、雾及恶劣天气情况下不宜使用高压验电器，以避免发生危险。

高压验电器使用时，应特别注意的是，手握部位不得超过护环，还应戴好绝缘手套。高压验电器的握法如图 2-126 所示。

声光型高压验电器由声光显示器（电压指示器）和全绝缘自由伸缩式操作杆两部分组成，其结构示意图如图 2-127 所示。

图 2-126　高压验电器的握法

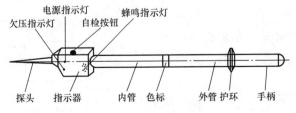

图 2-127　声光型高压验电器结构示意图

声光显示器（电压指示器）的电路采用先进的集成电路屏蔽工艺，可保证集成元件在高电压强电场下安全可靠地工作。

操作杆采用内管和外管组成的拉杆式结构，能方便的自由伸缩，采用耐潮、耐酸碱、防霉、耐日光照射、耐弧能力强和绝缘性能优良的环氧树脂，无碱玻璃纤维制作。

（二）绝缘杆

绝缘杆又称绝缘棒或操作杆。它主要用于接通或断开隔离开关，跌落保险，装卸携带型接地线以及带电测量和试验等工作。

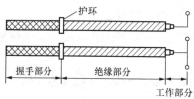

图2-128　绝缘杆示意图

绝缘一般用电木、胶水、环氧玻璃棒或环氧玻璃布管制成。在结构上绝缘杆分为工作、绝缘和握手三部分，如图2-128所示。工作部分一般用金属制成，也可用玻璃钢等机械强度较高的绝缘材料制成。按其工作的需要，工作部分不宜过长，一般为5～8cm，以免操作时造成相间或接地短路。

1. 绝缘杆使用注意事项

（1）使用前，必须核对绝缘杆的电压等级与所操作的电气设备的电压等级，确认两者相同。

（2）使用绝缘杆时，工作人员应戴绝缘手套、穿绝缘靴，以加强绝缘杆的保护作用。

（3）在下雨、下雪或潮湿天气，无伞型罩的绝缘杆不宜使用。

（4）使用绝缘杆时要注意防止碰撞，以免损坏表面的绝缘层。

2. 保管注意事项

（1）绝缘杆应存放在干燥的地方，以防止受潮。

（2）绝缘杆应放在特制的架子上或垂直悬挂在专用挂架上，以防其弯曲。

（3）绝缘不得与墙或地面接触，以免碰伤其绝缘表面。

（4）绝缘杆应定期进行绝缘试验，一般每年试验一次，用作测量的绝缘杆每半年试验一次。绝缘杆一般每三个月检查一次，检查有无裂纹、机械损伤、绝缘层破坏等。

（三）绝缘夹钳

绝缘夹钳是用来安装和拆卸高压熔断器或执行其他类似工作的工具，主要用于35kV及以下电力系统。

绝缘夹钳工作钳口、绝缘部分和握手部分三部分组成，如图2-129所示。各部

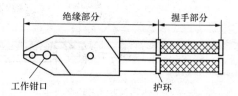

图2-129　绝缘夹钳结构形式

分都用绝缘材料制成，所用材料与绝缘杆相同，只是它的工作部分是一个坚固的夹

钳，并有一个或两个管型的开口，用以夹紧熔断器。

绝缘夹钳使用注意事项如下：

（1）使用时绝缘夹钳不允许装接地线。

（2）在潮湿天气只能使用专用的防雨绝缘夹钳。

（3）绝缘夹钳应保存在特制的箱子内，以防受潮。

（4）绝缘夹钳应定期进行试验，试验方法同绝缘杆，试验周期为一年。

（四）辅助安全用具

1. 绝缘手套、绝缘靴（鞋）

电气工作中还经常使用绝缘手套和绝缘靴（鞋）。在低压带电设备上工作时，绝缘手套可作为基本安全用具使用；绝缘靴（鞋）只能作为与地保持绝缘的辅助安全用具；当系统发生接地故障出现接触电压和跨步电压时，绝缘手套又对接触电压起一定的防护作用；而绝缘靴（鞋）在任何电压等级下均可作为防护跨步电压的基本安全用具。

绝缘手套和绝缘靴（鞋）由特种橡胶制成，以保证足够的绝缘强度，如图2-130所示。

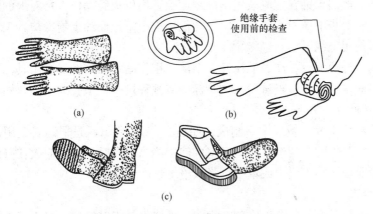

图2-130 绝缘手套和绝缘鞋（靴）

(a) 绝缘手套样式；(b) 手套使用前的检查；(c) 绝缘鞋（靴）的样式

（1）绝缘手套和绝缘靴使用注意事项。

1）使用前应进行外部检查无损伤，并检查有否砂眼漏气，有砂眼漏气的不能使用。

2）使用绝缘手套时，最好先戴上一双棉纱手套，夏天可防止出汗动作不方便，冬天可以保暖，操作时出现弧光短路接地，可防止橡胶熔化灼烫手指。

3）绝缘手套和绝缘靴（鞋）应定期进行试验。试验周期为6个月，试验合格应有明显标志和试验日期。

（2）绝缘手套和绝缘靴（鞋）保存注意事项。

1）使用后应擦净、晾干，并在绝缘手套还应洒上一些滑石粉，以免粘连。

2）绝缘手套和绝缘靴应存放在通风、阴凉的专用柜子里。温度一般为5～20℃，湿度为50%～70%最合适。

不合格的绝缘手套和绝缘靴不应与合格的混放在一起，以免错拿使用。

2. 绝缘垫和绝缘毯

绝缘垫和绝缘毯由特种橡胶制成，表面有防滑槽纹，如图2-131所示。

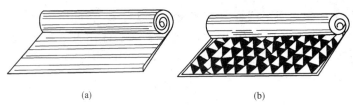

(a) (b)

图 2-131　绝缘垫和绝缘毯
(a) 绝缘垫；(b) 绝缘毯

绝缘垫一般用来铺在配电装置室的地面上，用以提高操作人员对地的绝缘，防止接触电压和跨步电压对人体的伤害，在低压配电室地面铺上绝缘垫，工作人员站在上面可不使用绝缘手套和绝缘靴。

绝缘地毯一般铺设在高、低压开关柜前，用作固定的辅助安全用具。

绝缘垫应定期进行检查试验，试验标准按规程进行，试验周期为每两年一次。

3. 绝缘站台

绝缘站台用干燥木板或木条制成，如图2-132所示，是辅助安全用具。绝缘站台可用于室内外的一切电气设备。室外使用绝缘站台时，站台应放在坚硬的地面上，防止绝缘瓷瓶陷入泥中或草中，降低绝缘性能。

4. 遮栏

低压电气设备部分停电检修时，为防止检修人员走错位置，误入带电间隔及过分接近带电部分，一般采用遮栏进行防护。此外，遮栏也用作检修安全距离不够时的安全隔离装置。

遮栏分为栅遮栏、绝缘挡板和绝缘罩三种。如图2-133所示，遮栏用干燥的绝缘材料制成，不能用金属材料制作。安装在室外地上的变压器及车间或公共场所的变配电装置，遮栏高度不应低于1.7m，下部边缘离地不应超过0.1m。对于低压设备，网眼遮栏与裸导体距离不宜小于0.15m，栅栏与裸导体距离不宜小于0.8m，栏条间距离不应超过0.2m。10kV设备不宜小于0.35m，20～35kV设备不宜小于0.6m。户内临时栅栏高度不应低于1.2m，户外不低于1.5m。户外变电装置围墙高度不应低于 2.5m。

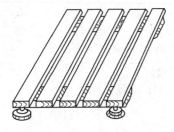

图 2-132　绝缘站台形式

图 2-133　遮栏形式

5. 标示牌

标示牌的用途是警告工作人员不得接近设备的带电部分，提醒工作人员在工作地点采取安全措施，以及表明禁止向某设备合闸送电等。

标示牌按用途可分为禁止、允许和警告三类，共计六种，如图 2-134 所示。

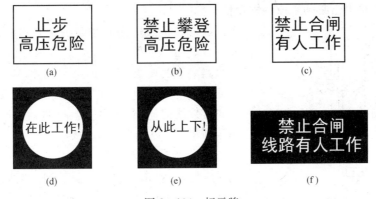

图 2-134　标示牌

（1）禁止类标示牌。"禁止合闸　有人工作！"是禁止类标示牌。这类标示牌挂在已断开的断路器和已拉开的隔离开关的操作把手上，防止运行人员误合断路器和隔离开关，将电送到有人工作的设备上。

（2）警告类标示牌。警告类标示牌有："止步　高压危险"、"禁止攀登　高压危险"。"止步　高压危险"标示牌用来挂在施工地点附近带电设备的遮栏上，室外工作地点的围栏上，禁止通行的过道上，高压试验地点以及室内构架和工作地点临近带电设备的横梁上。"禁止攀登　高压危险"标示牌用来挂在与工作人员上、下的邻近有带电设备的铁构架电杆上和运行中变压器的台架上。

当铁钩架上有人工作时，在邻近的带电设备的铁构架上也应挂警告类标示牌，以防工作人员走错位置。

6. 安全牌

为了保证人身安全和设备不受损坏，提醒工作人员对危险或不安全因素的注意，预防意外事故的发生，在生产现场用不同颜色设置了多种安全牌。人们通过安全牌清晰的图像，引起对安全的注意。常用的安全牌如下。

1) 禁止类安全牌。禁止开动、禁止通行、禁止烟火。

2) 警告类安全牌。当心电击，注意头上吊装，注意下落物，注意安全。

3) 指令类安全牌。必须戴安全帽，必须戴防护手套，必须戴防护目镜。

7. 其他

一般防护安全用具还包括个人保安线、安全帽、防护手套、护目镜等。

（五）携带型接地线、个人保安线

携带型接地线如图 2 - 135 所示，其作用是对设备停电检修或进行其他工作时，为了防止停电检修设备突然来电（如误操作合闸送电）和邻近高压带电设备所产生的感应电压对人体的危害，需要将停电设备用携带型接地线三相短路接地，是生产现场防止人身电击必须采取的安全措施。

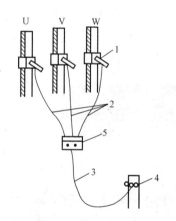

图 2 - 135　携带型接地线示意图
1—专用夹头；2—三相短路线；3—接地引下线；4—接地线与接地极螺栓固定处；5—三相短路夹头

成套接地线应用有透明护套的多股软铜线组成，其截面不得小于 $25mm^2$，同时应满足装设地点短路电流的要求。

禁止使用其他导线作接地线或短路线。

接地线应使用专用的线夹固定在导体上，严禁用缠绕的方法进行接地或短路。

装设接地线应先接接地端，后接导线端，接地线应接触良好，连接可靠。拆接地线的顺序与此相反。装、拆接地线均应使用绝缘棒或专用的绝缘绳。人体不得碰触接地线或未接地的导线。

利用铁塔接地或与杆塔接地装置电气上直接相连的横担接地时，允许每相分别接地，但杆塔接地电阻和接地通道应良好。杆塔与接地线联结部分应清除油漆，接触良好。

对于无接地引下线的杆塔，可采用临时接地体。接地体的截面积不得小于 $190mm^2$（如 $\phi16$ 圆钢）。接地体在地面下深度不得小于 0.6m。

工作地段如有邻近、平行、交叉跨越及同杆塔架设线路，为防止停电检修线路上感应电压伤人，在需要接触或接近导线工作时，应使用个人保安线。

个人保安线应在杆塔上接触或接近导线的作业开始前挂接，作业结束脱离导线后拆除。装设时，应先接接地端，后接导线端，且接触良好，连接可靠。拆个人保安线的顺序与此相反。

个人保安线应使用有透明护套的多股软铜线，截面积不得小于 $16mm^2$，且应带有绝缘手柄或绝缘部件。严禁以个人保安线代替接地线。

在杆塔或横担接地通道良好的条件下，个人保安线接地端允许接在杆塔或横担上。

（六）钢丝钳

钢丝钳是钳夹和剪切工具，由钳头和钳柄两部分组成．它的功能较多，钳口用来弯绞或钳夹导线线头；齿口用来紧固或起松螺母；刀口用来剪切导线或剖切软导线绝缘层；铡口用来铡切电线线芯和钢丝、铅丝等较硬金属，构造及使用时的握法如图 2-136 所示，刀口要朝向自己面部。常用的规格有 150、175、200mm 三种，电工所用的钢丝钳，在钳柄上应套有耐压为 500V 以上的绝缘管。

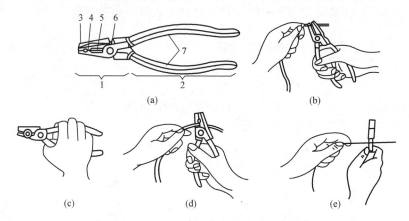

图 2-136　钢丝钳的结构和用途

（a）结构；（b）弯绞导线；（c）紧固螺母；（d）剪切导线；（e）侧切钢丝

1—钳头；2—钳柄；3—钳口；4—齿口；5—刀口；6—铡口；7—绝缘套

钢丝钳的使用注意事项：

（1）电工在使用钢丝钳之前，必须保证绝缘手柄的绝缘性能良好，以保证带电作业时的人身安全。

（2）用钢丝钳剪切带电导线时，严禁用刀口同时剪切相线和零线，或同时剪切两根相线，以免发生短路事故。

（3）使用钢丝钳时刀口要向内侧，便于控制剪切部位。

（4）不能用钳头代替手锤作为敲打工具，以免变形，钳头的轴销应经常加油润滑，保证其开闭灵活。

（七）尖嘴钳

尖嘴钳的头部尖细，适用于在狭小的空间操作，其外形如图 2-137 所示。钳头用于夹持较小螺钉、垫圈、导线和把导线端头弯曲成所需形状，小刀口用于剪断细小的导线、金属丝等。尖嘴钳规格通常按其全长分为 130、160、180、200mm 四种。

图 2-137　尖嘴钳的结构和用途

尖嘴钳手柄套有绝缘耐压 500V 的绝缘套，使用注意事项与钢丝钳注意事项相同。

（八）螺丝刀

螺丝刀又称起子或改锥，是用来紧固或拆卸带槽螺钉的常用工具。按头部形状可分为一字形和十字形两种，如图 2-138 所示。常用的有 50、100、150、200mm 等规格。电工不可使用金属杆直通柄顶的螺丝刀。为了避免金属杆触及皮肤或触及邻近带电体，宜在金属杆上穿套绝缘管，以保证人身不直接接触金属体。

(a)　　　　　　　　　　　　　　　(b)

图 2-138　螺丝刀的种类

（a）一字形；（b）十字形

螺丝刀的使用如图 2-139 所示。

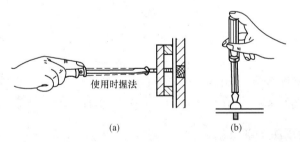

使用时握法

(a)　　　　　　　　　　　(b)

图 2-139　螺丝刀的使用

（a）大螺丝钉螺丝刀的用法；（b）小螺丝钉螺丝刀的用法

使用螺丝刀时的注意事项：

（1）电工不可使用金属杆直通柄顶的螺丝刀，以避免触电事故的发生。

（2）用螺丝刀拆卸或紧固带电螺栓时，手不得触及螺丝刀的金属杆，以免发生触电事故。

（3）为避免螺丝刀的金属杆触及带电体时手指碰触金属杆，电工用螺丝刀应在螺丝刀金属杆上穿套绝缘管。

（九）电工刀

使用电工刀时，刀口应朝外部切削，切忌面向人体切削。剖削导线绝缘层时，应使刀面与导线成较小的锐角，以避免割伤线芯。电工刀刀柄无绝缘保护，不能接触或剖削带电导线及器件。新电工刀刀口较钝，应先开启刀口然后再使用。电工刀使用后应随即将刀

图 2-140　电工刀

身折进刀柄，注意避免伤手。电工刀如图 2-140 所示。使用电工刀剖削导线的方法如图 2-141 所示。

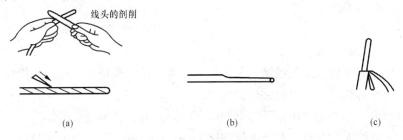

图 2-141　使用电工刀剖削导线方法

(a) 刀以 45°倾角切入；(b) 割上去端绝缘层；(c) 扳翻剩余绝缘层

使用电工刀时的注意事项：

（1）用电工刀剖削导线绝缘层时，应左手持导线，右手握刀柄，把刀略微向内倾斜，用刀刃的圆角抵住线芯，刀口向外推出。刀口常以 45°角倾斜切入，刀常以 25°角倾斜推削使用。这样既不易削伤线芯，又防止操作者受伤。切忌把刀刃垂直对着导线切割绝缘，以免削伤线芯。

（2）严禁在带电体上使用没有绝缘手柄的电工刀进行操作。

（十）剥线钳

剥线钳用来剥削直径 3mm 及以下绝缘导线的塑料或橡胶绝缘层，其外形如图 2-142 所示。它由钳口和手柄两部分组成。剥线钳钳口分有 0.5～3mm 的多个直径切口，用于与不同规格线芯线直径相匹配，切口过大难以剥离绝缘层，切口过小会切断芯线。剥线钳也装有绝缘套。

剥线钳使用注意事项：

（1）选择与线芯规格匹配的刃口，过小会损伤线芯，过大无法剥离绝缘层。

（2）使用剥线钳剥去绝缘层时，应左手握导线，右手持剥线钳，刃口向外，被剥断的导线端部绝缘层自由飞出。

（3）严禁在带电体上使用没有绝缘手柄的电工刀进行操作。

（十一）手电钻

手电钻是一种头部装有钻头、内部装有单相电动机、靠旋转来钻孔的手持电动工具。它有普通电钻和冲击电钻两种。冲击电钻的外形如图 2-143 所示。

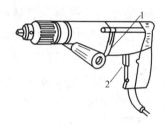

图 2-142　剥线钳外形

图 2-143　冲击电钻
1—冲击电钻本体；2—电源开关

手电钻使用注意事项：

（1）使用时首先检查电线绝缘是否良好，如果电线有破损处，可用绝缘胶布包好。最好使用三芯软线，并将电钻外壳接地。

（2）检查电钻的额定电压是否与电源电压一致，开关是否灵活可靠。

（3）手电钻接入电源后，要用电笔测试外壳是否带电，不带电方能使用。操作时需要接触电钻外壳时，应带绝缘手套，穿电工绝缘鞋，并站在绝缘板上。

（4）拆装钻头时，应用专用工具。切勿用螺丝刀或手锤敲击钻夹。

（5）装钻头要注意钻头与钻夹保持同一轴线，以防钻头在转动时摆动。

（6）在使用手电钻过程中，钻头应垂直于被钻物体，用力要均匀，当钻头被卡住时，应停止钻孔，检查钻夹是否卡的太松，重新紧固后使用。

（7）钻头在钻金属过程中，若温度过高，很可能引起钻头退火，因此，钻孔时可适量加入润滑油。

（8）使用完毕，应将电线绕在电钻上，放置干燥处以备下次使用。

（十二）活络扳手

活络扳手由头部和手柄组成，头部由定扳唇、动扳唇、涡轮和轴销等构成。旋动涡轮以调节扳口大小。常用的规格有 150、200、250、300mm 等，按螺母大小选用适当规格，外形及握法如图 2-144 所示。活络扳手不可反用，即动扳唇不可作为重力点使用，也不可用钢管接长柄部来施加较大的扳拧力矩。

（十三）起重滑车

滑车亦称滑轮，牵引绳索通过它时产生旋转运动。滑车可分为定滑车和动沿车两类。定滑车可以改变作用力的方向，作导向滑轮；动滑车可以作平衡滑车，平衡滑车两侧钢绳受力。一定数量的定滑车和动滑车组成滑车组，既可按工作需要改变

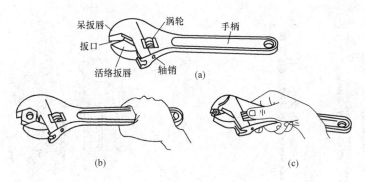

图 2-144　活络扳手外形及握法

(a) 活络扳手结构；(b) 旋转较大螺母时握法；(c) 旋转较小螺母时握法

作用力的方向，又可组成省力滑车组。滑车的形式和应用方式分别如图 2-145 和图 2-146 所示。

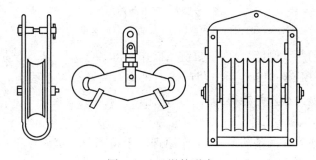

图 2-145　滑轮形式

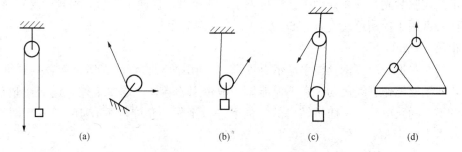

图 2-146　滑轮的应用方式

(a) 定滑轮；(b) 动滑轮；(c) 滑轮组；(d) 平衡滑轮

（十四）起重葫芦

起重葫芦是有制动装置的手动省力起重工具，包括手拉葫芦、手摇葫芦及手扳葫芦。其形式如图 2-147 所示。

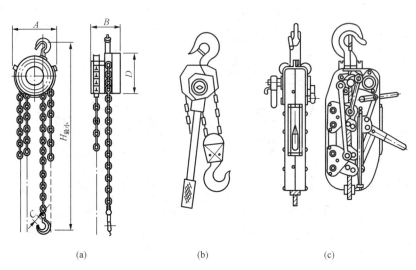

图 2 - 147 起重葫芦形式

(a) 手拉葫芦；(b) 手摇葫芦；(c) 手扳葫芦

（1）手拉葫芦（倒链）。因手拉链条操作而得名，SH、WA 型是对称排列二级正齿轮传动。SBL 及 612 型手拉葫芦传动机构是新颖行星摆线齿轮针齿传动的减速机构，摩擦损失小，并能得到大的减速比；一般提升高度为 2.5～3m，允许荷载有 0.5、1、2、3、5t 几种。

（2）手摇葫芦（链条葫芦）。工作原理同手拉葫芦，但操作不是拉动手链，而是摇动带有换向爪的棘轮手柄。使用时，将顶端挂钩固定，底端挂钩加上荷重后换向爪拨向收紧侧，反复摇动手柄即可收紧；放松时，换向爪拨向放松侧后反复摇动手柄。常用手摇葫芦允许垂直拉力 30kN，满载时手柄力为 0.37kN 左右，钩间最小距离 48cm 以上。

（3）手扳葫芦（钢丝绳手动牵引机）。是利用两对自锁的夹钳，交替夹紧钢丝绳，使钢丝绳作直线运动。它不但能做一般牵引、卷扬、起重工作，还能在倾斜、高低不平的狭窄地带、曲折转弯的条件下进行工作。允许行重有 15、30kN 两种，手扳力为 0.42kN 左右，长为 0.4～0.5m。

（十五）双钩紧线器

双钩紧线器是输电线路施工收紧或放松的工具之一，其外形如图 2 - 148 所示。由钩头螺杆、螺母杆套和棘轮柄手等主要构件组成。它两端螺旋方向是相反的，工作时调整换向爪的位置，往复摇动手柄，两端螺杆即同时向杆套内收进或向杆套外伸出，以达到收紧或放松的目的。

（十六）卡线器

卡线器是将钢丝绳和导线连接的工具，具有越拉越紧的特点。其形式如图 2-149 所示，使用时将导线或钢绞线置于钳口内，钢丝绳系于后部 U 形环，受拉力后，由于杠杆作用卡紧。

卡线器受力部件都用高强度钢制成，用于导线的钳口槽内镶有刻成斜纹的铝条，用于钢绞线的钳口槽上直接刻有斜纹。

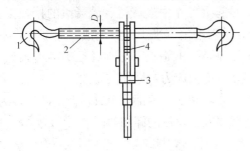

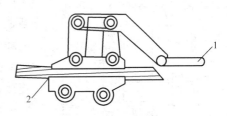

图 2-148　双钩紧线器形式　　　　　图 2-149　卡线器形式
1—钩头螺杆；2—杆套；3—带转向爪棘轮手柄；4—换向爪　　　1—U 形环；2—电源开关

（十七）绞磨

绞磨按其原动力分，有手推绞磨、电动绞磨和汽油机绞磨等。绞磨由磨心、磨轴和支承磨轴的磨架组成，手推绞磨还有磨杠。常用的绞磨按其牵引力的大小有 3t 和 5t 两种。人力绞磨形式如图 2-150 所示。

（十八）抱杆

抱杆是一种起重工具，它的作用是在起重工作或组立杆塔施工中，在空间形成一个支点，使得起重绳索对重物或电杆产生一个竖直向上的作用力，从而将重物或电杆吊起。因此，抱杆应是一种质轻的细长构件。

目前使用的抱杆有杉木抱杆、钢管抱杆、绞钢抱杆、铝合金抱杆等。

图 2-150　人力绞磨形式

抱杆必须有出厂合格证，并符合行业有关法律、法规及强制性标准和技术规程的要求。使用过的抱杆，每年做一次荷重试验，合格者方可使用。

使用之前对抱杆进行外观检查，圆木抱杆腐朽、损伤严重、弯曲过大，金属抱杆弯曲、变形、锈蚀或出现裂纹时，均不得使用。

抱杆在使用、搬运中，应严禁抛掷和碰撞，使用时不能超荷载。

起重工器具使用注意事项：

（1）起重工器具均必须有出厂合格证，铭牌标明允许荷重，勿超载工作。

（2）使用前应仔细检查，有裂纹、弯曲、不灵活、卡线器钳口斜纹不明显等，均不得使用。

（3）定期润滑、维修、保养，损坏零件应及时更换。

（4）使用完毕，轻放防摔，存放干燥地点。

（十九）卸扣（U形环、卡环）

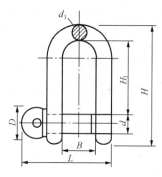

图 2-151　U 形环卸扣形式

卸扣是起重工作中最广泛、最灵活的栓接工具，用 20 号优质碳素钢（平炉钢）制成，用锻造，不能用铸造方法制造。锻造后，必须经准确的退火处理，以消除其残存的内应力，增加其韧性。

卸扣由弯环和横销两部分组成，横销同弯环为丝扣连接，线路施工常用的卸扣如图 2-151 所示。

（二十）索卡（钢绳卡子、元宝卡）

索卡是用在钢丝绳末端，固结钢绳回头和钢绳本体，它由自齿形本体及 U 形固定螺丝（带螺母及弹簧垫）组成，前者用可锻铸铣制成，后者用 A3 钢制成。用索卡固定钢丝绳时，所用索卡的个数与相互间距，随钢丝绳直径而增加。

（二十一）索环（心形环、鸡心环）

索环用于保护钢丝绳弯曲最严重的部位，用 A3 钢制成，热镀锌防锈；要求其表面光滑，无毛刺、疤痕、切纹等缺陷。

（二十二）压接工具

用来实现导体连接的专用机具称为导体压接机具。其功能是应用杠杆或液压原理，施加一定的机械压力于压接模具，使导体和导电金具在连接部位产生塑性变形，在界面上构成导电通路，并具有足够机械强度。导体压接机具通称为压接钳，压接钳的种类很多。在施工中，对压接钳的要求是：①应有足够的出力，以满足导体压接面宽度所必需的压力；②小型轻巧，容易携带，操作维修方便；③模具齐全，一钳多用。根据导体连接的不同需要，常用的压接钳有 3 种类型，即机械压接钳、油压钳和电动油压钳。

（1）机械压接钳。机械压接钳是利用杠杆原理的导体压接机具。机械压接钳操作方便，压力传递稳定可靠，适用于小截面的导体压接。图 2-152 是两种机械压接钳的外形图。其中，图（a）的特点是通过操作手柄，直接在钳头形成机械压力；图（b）的特点是操作手柄要通过螺杆传动，也是应用杠杆原理，在钳头形成机械压力。

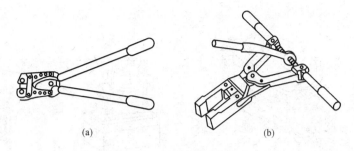

图 2-152　机械压接钳形式

(a) 通过操作手柄直接操作；(b) 通过螺杆传动操作

(2) 油压钳。油压钳是利用液压原理的导体压接机具。常用油压钳有手动油压钳和脚踏式油压钳两种。图 2-153 是这两种油压钳的外形图。手动油压钳比较轻巧，使用方便，适用于中、小截面的导体压接。脚踏式油压钳钳头和泵体分离，以高压耐油橡胶管或紫铜管连接来传递油压，这种压接钳的钳头可灵活转动，出力较大，适用于较大截面的导体压接。

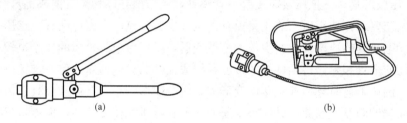

图 2-153　油压钳形式

(a) 手动油压钳；(b) 脚踏式油压钳

(3) 电动油压钳。电动油压钳包括充电式手提油压钳和分离式电动油压钳，其形式分别如图 2-154 和图 2-155 所示。充电式手提电动油压钳具有重量轻、使用方便的优点，但是价格较贵。

分离式电动油压钳通过高压耐油橡胶管将压力传递到与泵体相分离的钳头，适用于与高压大截面的导体压接。这种压接钳出力较大，有 60、100、125、200t 等系列产品，其模具一般用围压模，形状有六角形、圆形和椭圆形。

(4) 压接工具使用。

1) 压接钳的选用。在施工中，可根据导体截面大小、工艺要求，并考虑应用环境，选用适当的压接钳。

2) 油压钳操作注意事项。使用前必须了解压接钳的适用范围、结构和操作步骤。在使用中如发生故障，一般的检查处理次序是：首先检查回油阀、进油阀和出油阀，这 3 个阀开、闭要正确，尤其是该关闭时必须关紧；其次检查储油室、储油

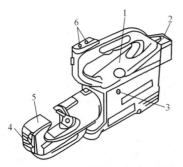

图 2-154　充电式手提电动油压钳形式

1—钳体；2—电池；3—压模合拢指示；4—模具
定位销；5—转动时钳头；6—进退开关

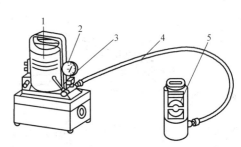

图 2-155　分离式电动油压钳形式

1—电动泵体；2—压力表；3—操作手柄；
4—高压油管；5—钳头

室中应有足够的油量，油量不足时应予以添加；最后检查填料密封件，如松弛漏气，当旋紧螺母尚不能消除时，应予更换。当有自行不能消除的缺陷时，应送制造厂商维修点检查修理。

3）压接模具。一把压接钳配有一套模具，应根据导体种类（铜或铝）、导体的截面和工艺要求，选用适当的压接模具。压接模具有点压和围压两种：点压工艺使导体和导电金具的连接部位产生较大塑性变形，压接后金具外形的变形也较大，所以点压能使金具和导体得到良好的接触，构成良好的导电通路，但其连接机械强度比较差。围压工艺时导体外层塑性变形大，内层变形较小，导体和金具总体变形较小，轴向延伸明显。因此，导体跟金属的接触和点压相比要差些，但连接机械强度比较好。同时，围压的外形圆整性较好，有利于均匀电场。

二、注意事项

（1）一切行动听从指导老师安排，不得随意玩耍、接通电路、启动工器具。

（2）熟悉工器具时注意人身安全。

（3）工器具必须在老师的指导下进行操作。

技能训练

一、训练任务

在老师指导下熟悉各种工器具的使用操作。

二、训练准备

在实训室，指导老师按学习进度计划将工器具准备妥当。

三、工艺要求及评分标准

工艺要求及评分标准见表 2-116。

表2-116　　　　　　　工艺要求及评分标准

序号	考核内容	评分标准	配分	扣分	得分
1	低压验电器的正确使用方法	使用错误扣2分	2		
2	高压验电器的正确使用方法与保管	(1)使用错误扣2分； (2)不知道保管要求扣2分	4		
3	绝缘杆的正确使用方法与保管	(1)使用错误扣2分； (2)不知道保管要求扣2分	4		
4	绝缘夹钳的正确使用方法与保管	(1)使用错误扣1分； (2)不知道保管要求扣1分	2		
5	绝缘手套的正确使用方法与保管	(1)使用错误扣1分； (2)不知道保管要求扣1分	2		
6	绝缘靴的正确使用方法与保管	(1)使用错误扣1分； (2)不知道保管要求扣1分	2		
7	绝缘垫和绝缘毯的正确使用方法	使用错误扣2分	2		
8	绝缘站台的正确使用方法	使用错误扣2分	2		
9	遮栏的正确使用方法	使用错误扣4分	4		
10	标示牌的正确使用方法	使用错误扣4分	4		
11	接地线、个人保安线的正确使用方法	使用错误扣4分	4		
12	钢丝钳的正确使用方法	使用错误扣4分	4		
13	尖嘴钳的正确使用方法	使用错误扣4分	4		
14	螺丝刀的正确使用方法	使用错误扣4分	4		
15	电工刀的正确使用方法	使用错误扣4分	4		
16	剥线钳的正确使用方法	使用错误扣4分	4		
17	手电钻的正确使用方法与保管	(1)使用错误扣2分； (2)不知道保管要求扣2分	4		
18	活络扳手的正确使用方法	使用错误扣4分	4		
19	起重滑车的正确使用方法与保管	(1)使用错误扣1分； (2)不知道保管要求扣1分	2		
20	起重葫芦的正确使用方法与保管	(1)使用错误扣1分； (2)不知道保管要求扣1分	2		

续表

序号	考核内容	评分标准	配分	扣分	得分
21	双钩紧线器的正确使用方法与保管	(1)使用错误扣2分； (2)不知道保管要求扣2分	4		
22	卡线器的正确使用方法	使用错误扣4分	4		
23	绞磨的正确使用方法与保管	(1)使用错误扣1分； (2)不知道保管要求扣1分	2		
24	抱杆的正确使用方法与保管	(1)使用错误扣1分； (2)不知道保管要求扣1分	2		
25	卸扣的正确使用方法	使用错误扣4分	4		
26	索具的正确使用方法	使用错误扣4分	4		
27	索环的正确使用方法	使用错误扣2分	2		
28	压接工具的正确使用方法与保管	(1)使用错误每种扣2分； (2)不知道保管要求扣2分	4		
29	安全生产	(1)损坏工器具每件扣10分； (2)不文明操作扣10分	10		
备注	时间	合计	100		
	100min	教师签字			

思考与练习

1. 钢丝钳各部分的作用有哪些？
2. 卸扣由哪些部件组成，有几种型式？
3. 人力绞磨由哪几部分组成，工作中如何正确使用？
4. 如何正确使用低压验电笔？
5. 卸扣在使用时，应注意哪些事项？
6. 对于携带式接地线有哪些规定？
7. 起重滑车按用途分为几种？何种滑车能改变力的作用方向？
8. 起重抱杆有哪几种？何种抱杆做成法兰式连接？
9. 起重葫芦是一种怎样的工具？可分为哪几种？
10. 如何正确使用高压验电器进行验电？
11. 高压辅助绝缘安全用具主要包括哪些？
12. 手拉葫芦的使用及保养有何要求？

单元三

绳　　结

在我们的日常生活当中，绳与人们是不可分割的。特别是在我们的架空电力线路工作中，根据工种、工作性质、项目、内容的不同，所涉及的绳索种类较多、用途特殊，比如在起重、运输、立杆塔等诸多方面，都离不开绳索。

通过本单元学习架空电力线路工作中常用的绳索的基本知识。

任 务 　常 用 绳 结

学习目标

1. 知道配电线路常用棕绳、钢丝绳的种类、规格、性能以及使用与保管要求。
2. 能说出配电线路常用棕绳、钢丝绳绳结的名称与用途。
3. 能完成常用绳结的系结及钢丝绳终端套的制作。

任务描述

架空电力线路的各项工作中，经常需要使用绳索用来传递物件、绑扎材料、捆绑固定、起重牵引以及接续延长绳索。因此，要求绳索的系结应简捷、牢固、可靠。

了解架空电力线路常用绳索的种类、规格、性能、使用、保管知识，了解配电线路常用绳结的种类，熟悉常用绳结用途，掌握常用绳结的结法以及钢丝绳终端套的制作等知识。

学习内容

一、常用绳索

1. 白棕绳

（1）白棕绳的性能及种类。白棕绳是送电线路施工常用的绳索，其优点是质轻、柔软、容易绑扎；缺点是强度低，同直径的不同厂家的白棕绳，其强度也不一致，有时甚至相差比较大，容易磨损及受机械损伤，受潮后也容易腐烂，以及新、旧绳的强度差别很大等。所以严禁在机械驱动的情况下使用，只允许用在手动的机构中（如手拉绳索式木滑车组），或用以捆绑、抬运物体，吊挂一般较轻物件等。

白棕绳有机制的及人工搓拧而成的两种。机制的白棕绳搓拧得均匀、紧密，抗拉强度比人工搓拧的大，所以在起重工作中一般都采用机制白棕绳。

白棕绳是用大麻纤维搓拧而成，常用的有三股、四股或九股的三种；另外还分浸油和不浸油两种。浸油的虽然防腐性能较好，但质硬、挠性较差，且强度比不浸油的低 10％左右，所以在吊装作业中，一般都不采用浸油白棕绳。

（2）起重白棕绳的选用及其计算。由于白棕绳存在上述的缺点，要精确地计算出它的综合应力是比较困难的，通常以选用加大的白棕绳滑轮或卷筒直径和选用加大的安全系数 K 来补偿计算上的误差。其计算方法如下。

1）按要求的安全系数 K 进行选用：

$$F_{\max} = \frac{F_b}{K \times K_1 \times K_2} = \frac{F_b}{K_\Sigma} \qquad (3-1)$$

式中　$F_{\max}$——起重白棕绳的容许最大使用拉力，N；

　　　K——安全系数，用作通过沿车吊绳或用作起吊质量小的物体及控导地线时的牵引绳时，取 10；用作分片吊塔的偏拉绳及抬运材料等时，取 5～6；

　　　K_1——动荷系数；

　　　K_2——不平衡系数；

　　　K_Σ——综合安全系数；

　　　F_b——白棕绳的破断拉力，N。

白棕绳的安全系数见表 3-1。

表 3-1　　　　　　　　　　　　白棕绳的安全系数

序号	工作性质及条件	K	K_1	K_2	K_Σ
1	通过滑车组整立杆塔或紧导、地线时的牵引绳	5.5	1.1	1	6
2	起立杆塔时的吊点固定绳（单杆/双杆）	6	1.2	1/1.2	7.2/8.6
3	起立杆塔时的根部制动绳（单杆/双杆）	5.5	1.2	1/1.2	6.6/7.9
4	起立杆塔时的临时拉线	4	1.2	1.1	5.3
5	作其他起吊及牵引用的牵引绳及吊点固定绳	5.5	1.2	1	6.6

2）按容许最小卷绕直径选用。起重用白棕绳除了满足安全系数要求外，还必须满足最小卷绕直径的要求：

滑轮（或卷筒）槽底的直径 D 和起重白棕绳标称直径（外接圆直径）d 之比，

在人力驱动方式应大于或等于 10，在特殊场合降到 7 时，必须减少起重白棕绳的使用应力 25%。

（3）白棕绳的使用与保管。

1）棕绳使用前必须进行外观检查，凡霉烂断丝，表面严重磨损或破股，本身遭受高温烘烤或酸碱侵蚀者，均不得使用。

2）不要使麻绳变潮，平时将麻绳放在干燥、不热、通风的地方，或很松的卷好挂在木架上。使用后若沾有淤泥污物时，可在水中洗净晒干后存放，防止霉烂。

3）白棕绳不得在有酸碱的场合内使用，一般不宜在泥水中使用。如果用于绑扎或在潮湿状态下使用时，应按允许拉力减半计算，使用后受潮或沾上泥浆，应及时清洗晒干，以防腐烂后降低强度。有霉烂、腐蚀、断股或损伤者不得使用。

4）白棕绳只适宜在起吊质量小的物体时使用，一般用作分片吊塔的偏拉绳（对大型高塔也不能用，应使用钢丝绳代替）及抬运材料较合适。不能用作起吊质量大的物体牵引绳及调杆的临时拉线等。

5）用于起吊和绑扎的棕绳，对能接触到的棱角应用软物（麻袋、木材）包垫，以防磨断。麻绳打结后强度降低 50% 以上，应尽量用编结法连接。麻绳的绳头扣应绑扎，避免绳头松散。

6）使用白棕绳应使绳不扭结，同时也不要向一个方向扭转，以免损伤白棕绳。如果在使用中发现白棕绳扭结时，则应设法抖开再用。麻绳有结时不要穿过滑车等狭小处，以免损伤磨损。

2. 钢丝绳

（1）钢丝绳的类型及用途。在起重机械和起重工作中，常用的钢丝绳均为圆截面的。按照制造过程中绕捻的次数，钢丝绳可分为以下三大类。

1）单绕捻（螺旋绕捻）的钢丝绳。它是由一层或几层钢丝依次围绕中心钢丝绕捻成绳的，如送电线路常用的钢绞线，但不适宜用作起重绳。

2）双重绕捻的（索式绕捻）钢丝绳。它是先由二层或几层钢丝绕成股，再由几股围绕绳芯绕捻成绳的，这两个绕捻过程是同时进行的。这种钢丝绳在送电线路施工中最常使用。

双重绕捻钢丝绳，按照钢丝和股的绕捻方法不同又可分为顺绕（钢丝绕成股和股绕成绳的方向相同）、交绕（钢丝绕成股和股绕成绳的方向相反）和混绕（相邻层股的绕捻方向是相反的）三种；按照股捻成绳的方向不同，又可分为左旋和右旋两种（但它们的特性及其应用并无区别，但习惯一般多用左旋钢丝绳）；按照股中各层钢丝的直径和钢丝之间的接触状况，则又可分为普通结构和复式结构两种。

普通结构钢丝绳的钢丝直径均相同，股中相邻各层钢丝的节距不相等，因而股中各层钢丝之间形成了点接触，因此接触应力较高，钢丝容易破断，使钢丝绳寿命降低；但由于它具有相同的钢丝直径，加工方便，是目前送电线路施工中最常用的钢丝绳。

3）三重绕捻（缆式绕捻）的钢丝绳。它是把双重绕捻的绳作股，几股再绕绳芯绕捻成绳的，这种钢丝绳是由很多细钢丝捻成，每股中心都有柔软的绳芯，因此挠性很好，适宜作捆扎用，但由于钢丝太细，工作时外层磨损快，故在起重工作中用得较少。

杆塔施工中常用的是普通结构单股麻绳芯双重绕捻钢丝绳 6×19 或 6×37。它是先以 19 根或 37 根相同直径的钢丝拧成股，然后 6 大股拧成绳。顺绕挠性大、表面光滑、磨损少，但有自行扭转和受力时易松散的缺点；交绕的性能与顺绕的相反，虽耐用程度差些，但使用起来比较方便；混绕钢绳的特征是相邻层股的方向是相反的，因此它受力后产生的扭转变形在方向上具有互相抵消的作用，它兼有前两种钢绳的优点。送电线路施工中大多采用交绕钢丝绳，有条件最好用混绕钢丝绳。杆塔施工露天作业，宜选用镀锌钢丝绳。

（2）钢丝绳的选用。

1）钢丝绳的有效破断拉力。按强度要求选用钢丝绳承受拉力绕过滑轮或卷筒，其钢丝受拉伸、弯曲、挤压和扭转等多种应力，其中主要是拉伸应力和弯曲应力。通常仅按纯拉伸来计算，而因弯曲引起的弯曲应力影响，以及因反复弯曲引起的耐久性（疲劳）问题，用适当提高滑轮或卷筒槽底直径对钢丝直径的比值和加大安全系数 K 来予以适当的控制和补偿。

$$F_{\max} = \frac{F_b}{K \times K_1 \times K_2} = \frac{F_b}{K_\Sigma} \qquad (3-2)$$

式中　　$F_{\max}$——钢丝绳的容许最大使用拉力，N；

K——安全系数；

K_1——动荷系数；

K_2——不均衡系数；

K_Σ——综合安全系数；

F_b——钢丝绳的破断拉力，N，镀锌钢丝绳，因镀锌时有退火现象，其破断力比光面钢丝绳降低 10%。

钢丝绳的安全系数 K、动荷系数 K_1 和不均衡系数 K_2 分别见表 3-2～表 3-4。

表 3 - 2   钢丝绳的安全系数 *K*

序号	工作性质及条件	*K*
1	用人推绞磨直接或通过滑车组起吊杆塔或收紧导、地线川的牵引绳的磨绳	4.0
2	用机动绞磨、电动卷扬机或拖拉机直接或通过滑车组立杆塔或收紧导、地线用的牵引绳和磨绳	4.5
3	起立杆塔用的吊点固定绳	4.5
4	起立杆塔用的根部制动绳	4.0
5	临时固定用的拉线	3.0
6	作其他起吊及牵引用的牵引绳及吊点固定绳	4.0

注　见 GB/T 5972—2009《起重机　钢丝绳　保养、维护、安装、检验和报废》的有关规定。

表 3 - 3   动荷系数 K_1

启动或制动系统的工作方法	K_1
通过滑车组用人力绞车或绞磨牵引	1.1
直接用人力绞车或绞磨牵引	1.2
通过滑车组用机动绞车或绞磨、拖拉机或汽车牵引	1.2
直接用机动绞车或绞磨、拖拉机或汽车牵引	1.3
通过滑车组用制动器控制时的制动系统	1.2
直接用制动器控制时的制动系统	1.2

表 3 - 4   不均衡系数 K_2

可能承受不均衡荷重的起重工具	K_2
用人字抱杆或双抱杆起吊时的各分支抱杆	1.2
和吊门型或大型杆塔结构时的各分支绑固吊索	1.2
通过平衡滑车组相连的两套牵引装置及独立的两套制动装置平行工作时,各装置的起重工具	1.2

　　钢丝绳的有效破断拉力的大小与制作钢丝绳的材质及钢丝直径有关,其中绞捻结构对钢丝的强度亦有很大影响。钢丝绳的钢丝扭曲越大,绳股中钢丝的同心层数越多,则其强度损失也越大,因此对钢丝绳的有效破断拉力做精确计算是很难的。

　　因此,应按出厂合格证(说明书)所标称的钢丝破断拉力总和 F_Σ 或通过试验方法得到的破断拉力总和 F_Σ,再乘以换算系数 K_0,即

$$F_{\mathrm{b}} = K_0 \times F_{\Sigma} \tag{3-3}$$

钢丝绳破断拉力换算系数 K_0 见表 3-5。

表 3-5 　　　　　　　　钢丝绳破断拉力换算系数 K_0

钢丝绳结构	6×7	6×19	6×37	8×19	8×39	18×7
换算系数 K_0	0.88	0.85	0.82	0.85	0.82	0.85

2）按耐久性要求选用。钢丝绳的钢丝与钢丝之间发生的接触疲劳应力，对钢丝绳的耐久性有着重要的影响。由于钢丝绳在使用中超过其使用条件下相应的极限弯曲次数后，很快出现了疲劳破损。这个极限弯曲次数，与钢丝绳所受的拉应力及滑轮（或卷筒）槽底直径对钢丝绳直径之比有密切的关系。故钢丝绳除了满足最小安全系数 K 外，还规定钢丝绳通过的滑轮槽底直径不宜小于钢丝绳直径的 14 倍。人推或机动绞磨的磨芯直径不宜小于钢丝绳直径的 10～11 倍。作为调节用的平衡滑车，不经常旋转，且转动角度一般不大，其槽底直径可比一般要求的直径小 40%。

（3）钢丝绳的使用与维护。在线路施工中要合理的使用钢丝绳，应该做到物尽其用，钢丝绳的破断拉力值与使用次数、磨损程度以及锈蚀、弯曲、变形等情况有密切关系，因此对使用过的钢丝绳，要进行科学的鉴定，不能随意降低标准使用，也不能无根据地将已经降低拉力值的钢丝绳当作新绳使用。

1）钢丝绳在使用时应避免扭拧，否则在扭拧状态下受力，会使钢丝产生局部变形而增加附加应力。钢丝绳穿过滑车时，应按有关标准选用相应配合规格的滑轮，滑轮槽的直径通常应比绳的直径稍大，若滑轮槽过大，则钢丝绳容易压扁，过小则容易磨损；滑轮、磨芯或卷筒的最小直径应按相关规定选取，以减少钢丝绳的弯曲应力。

2）在使用新钢丝绳时，在负荷较大的情况下，会发生油挤出（俗称"走油"）现象，这是正常现象，如果旧钢丝绳出现油挤出现象，这说明钢丝绳的负荷已经很大，这时必须停止工作进行检查或更换钢丝绳，以防发生事故。

3）钢丝绳端头应套铁箍或用铁丝缠绕，也可用低熔金属焊牢。钢丝绳应经常保持清洁，并定期（一般工作 2～4 个月）涂抹特制的无水分油或其他浓稠矿物油（在加油前，采用煤油或柴油洗去油污，用钢丝刷刷去铁锈），以防锈蚀。钢丝绳保存时，也应每隔一年左右浸一次油（新钢丝绳应用热油浸，使油浸透麻芯）。工程完毕后，应将钢丝绳清刷干净，然后整齐地卷起来。钢丝绳放在仓库时，应成卷排列，避免重叠堆置。钢丝绳应放在高出地面的地方，用木板垫起，并需经常检查，防止受潮生锈。

4）新钢丝绳，一定要将详细的规格与性能搞清楚，并绑上标签，以便使用。同一直径的钢丝绳由于构造不同，其拉断力相差很大，因此使用时绝不能仅以直径来区别。

5）使用新钢丝绳前，应以它的两倍容许吊重做载重试验 15min。钢丝绳使用时应避免突然受力和承受冲击荷载，施工过程中启动与制动必须缓慢均匀。钢丝绳与铁件锐角接触时，应加垫软物，防止钢丝绳磨损折断。

6）钢丝绳应具有符合国家标准的产品检验合格证，并按出厂技术数据使用。无技术数据时，应进行单丝破断力试验。

（4）钢丝绳的报废标准。钢丝绳（套）有下列情况之一者应报废或截除。

1）钢丝绳在一个节距内的断丝数达到表 3 - 6 数值时。

表 3 - 6　　　　　　　　　　　钢 丝 绳 报 废 断 丝 数

断丝数　　　　　　　钢丝绳　　　　安全系数	钢丝绳结构（GB/T 8918—2006《重要用途钢丝绳》）			
	绳 6×（19）		绳 6×（37）	
	一个节距中的断丝数			
	交绕	顺绕	交绕	顺绕
＜ 6	12	6	22	11
6～7	14	7	26	13
＞ 7	16	8	30	15

注　1. 表中断丝数是指细钢丝，粗钢丝每根相当于 1.7 根细钢丝。

2. 一个节距是指每股钢丝绳子缠绕一周的轴向距离。

3. 见 GB/T 5972—2009 的有关规定。

2）钢丝绳有锈蚀或磨损时，应将上表的报废断丝数按表 3 - 7 折减，并按折减后的断丝数报废。

表 3 - 7　　　　　　　　　　　折 减 系 数

钢丝表面磨损量或锈蚀量（%）	10	15	20	25	30～40	＞ 40
折 减 系 数（%）	85	75	70	60	50	0

注　见 GB/T 5972—2009 有关规定。

3）绳芯损坏或绳股挤出、断裂。

4）笼状畸形、严重扭结或弯折。

5）压扁严重，断面缩小。

6）受过火烧或电灼。

二、常用绳结的系法

1. 十字结（绳环节、平结、直扣）

用于绳端打结。常用来连接一条绳的两端或将两根绳连接在一起，也用于绳索与绳索或绳套的连接（接长绳索）。用于钢丝绳时，无绳环一端应为软钢丝绳。

特点：自紧式，容易解开。

（1）十字结系法（一）如图 3-1 所示。

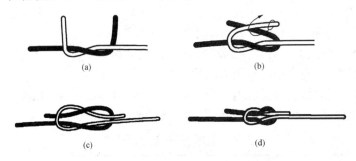

图 3-1　十字结系法（一）

图 3-1 中：（a）首先将两个绳头相交，然后一个绳头向另一个绳头上绕一圈。（b）将两个绳头搭在一起（注意上下位置），再将一个绳头按箭头所示方向穿越，拉紧即成。（c）为该绳结完成后的松散状态。（d）为该绳结收紧后的形状。

（2）十字结系法（二）（在已有的绳套上系结，用于棕绳、钢丝绳与钢丝绳套的连接）如图 3-2 所示。

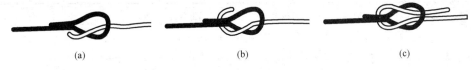

图 3-2　十字结系法（二）

图 3-2 中：（a）将绳头穿入绳套。（b）将绳头从下方绕过（注意上下位置）。（c）再将绳头从绳套内穿出拉紧即成。

2．活十字结（活结）

活十字结的结构基本上与十字结相同，不同之处是在第二次穿越时留有绳耳，故解结时极为方便，只要将绳头向外一拉即可，省时省力。系法如图 3-3 所示。

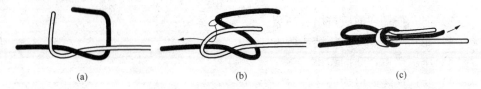

图 3-3　活十字结

图 3-3 中：（a）基本方法与直扣相同，首先将两个绳头相交（右绳头短一些，搭左绳头上），然后将一个绳头向另一绳头身上绕一周。（b）再将两个绳头相交

（短的搭在长绳头上），后将长的绳头形成一个绳耳，按箭头所示方向穿越。（c）为拉住绳耳收紧后的造型。解结时，向箭头所示方向抽出绳耳即可。

同理：此法也可在已有的绳套上用棕绳、钢丝绳与钢丝绳套的连接。

3. 紧线扣（展帆绳）

首先在系紧线扣（即所要绑扎的材料上）时，有一个固定的圆圈式回头套；然后在此套上进行绑扎。用来在紧线的时候使用棕绳绑结导线。也用于钢丝绳或麻绳的绳环与细软绳索的连接。

紧线扣的系法如图 3-4 所示。

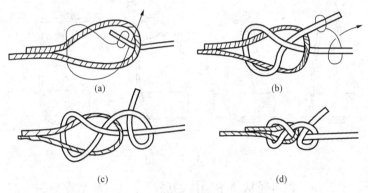

图 3-4　紧线扣

图 3-4 中：（a）将绳头穿入圆圈式绳套（导线回头圈，从下往上穿），然后按箭头所示方向穿越。（b）将绳头在主绳上绕一圈，即打一倒扣（注意上下位置）。（c）完成上述步骤后，紧线扣的松散形状。（d）收紧后的紧线扣。

4. 猪蹄结（梯形结）

此扣与其他结的不同处是它常需绑扎在桩、柱、传递物体等处。其特点是易结易解，便于使用，如抱杆顶部拉线、钢丝绳与圆木地锚等的绑扎。

猪蹄结的系法如图 3-5 所示。

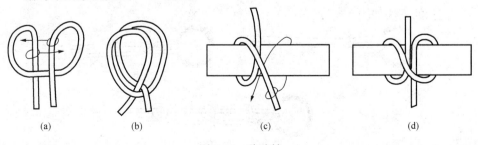

图 3-5　猪蹄结

图 3-5 中：（a）在平面上的系结方法，徒手将绳挽成两个圆圈（注意绳的上下位置），按箭头所示方向将两个圆圈重合在一起即可。（b）完成后的猪蹄扣，两绳圈中心为所要绑扎的物体。（c）为绑扎在物体上的方法，首先在绑扎物上缠绕一圈，再按箭头所示方向进行穿越绑扎（注意绳头的穿越位置）。（d）完成后的猪蹄结。

5. 抬扣

顾名思义，此结在抬较重的物体时用之，调整或解开都比较方便。

抬扣的系法如图 3-6 所示。

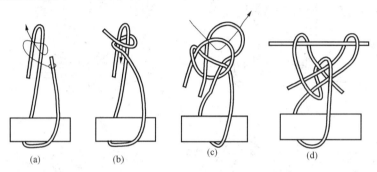

图 3-6　抬扣

图 3-6 中：（a）先将绳从所抬物体的底部穿过，然后在短头上打一回头（做成套），然后将另一绳头按箭头所示方向缠绕。（b）在回头上缠绕一周后，按箭头所示路径将绳双并掏出成套。（c）调整两个套，使两个套长短保持一致，这样可在两套中间穿入抬具，使其达到受力一致，调整两个短头可使长短（抬具距地面的高度）有所变化，适应人体高度。（d）穿入抬具后松散的状况。

6. 倒扣

此扣的特点是可以自由调节绳身的长短，结扣、解扣都极为方便，在绳身受张力时，结的效果更佳，在电力施工中，电杆或抱杆起立时，用此绳扣的临时拉线往地锚上固定。

倒扣的系法如图 3-7 所示。

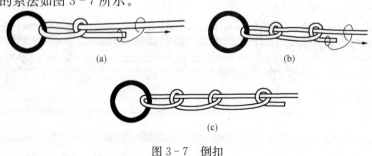

图 3-7　倒扣

图 3-7 中：（a）将绳索绕过地锚等金属环，把绳头部分在主绳身上绕圈并穿越，再间隔一段距离，按箭头所示方向缠绕。（b）完成上述步骤后，间隔一段距离，再绕绳身一圈并穿越。（c）整个结完成后的造型，应当注意的是，每次的缠绕方向应一致，并且注意在实际工作现场中，此扣系完后，在上部用绑线将短头与主绳固定，以防止绳长的突然变化。

第一个绳圈可根据施工中绳长调整的需要确定大小，以便于调整绳长；绳头穿越次数，可根据绳的受力大小确定，绳受力大时，可适当增加穿越次数。

若将两根绳以倒扣形式相连接，也称为节结，用于接长绳索，适用于麻绳，如图 3-8 所示。

图 3-8　节结

7. 背扣（木匠结）

此结多用作临时拖、拉、升降物件之用，不受物体体积大小的限制，此扣简单而实用，但必须在受张力下才能发挥扣的作用，并会越拉越紧。在地面拖拉电杆、圆木和高空作业上下传递材料、工具时经常使用。其特点是易结易解、自紧。

背扣的系法如图 3-9 所示。

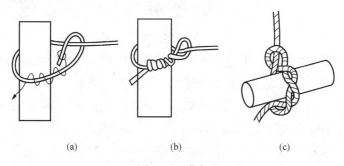

　　　　(a)　　　　　　　(b)　　　　　　　(c)

图 3-9　背扣

图 3-9 中：（a）绳绕过物体后，绳头绕过主绳成套，然后按箭头所示方向在绳头身上绕几圈（一般 3～5 次即可）。（b）、（c）受力后拉紧的形状。

8. 倒背扣（双环绞缠结）

此结是背扣与一倒扣的组合，在拖拉物体或垂直起吊轻而细长物件时用，物体上的环形索结（倒扣），可根据需要任意增减。

倒背扣的系法如图 3-10 所示。

图 3-10 中：（a）垂直起吊物体时绑法。（b）水平拖拉物件时绑法。

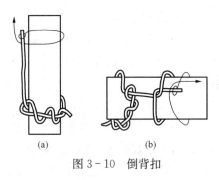

图 3-10　倒背扣

9. 拴马扣

拴马扣在某些物件临时绑扎时用；有普通系法和活扣系法两种。系法如图 3-11 所示。

图 3-11 中：（a）绳穿越物件后，用主绳在短头上缠绕一圈，然后按箭头所承方向掏出成套。（b）用短头折回绳套内，收紧主绳后越即完成此结。（c）完成后的拴马扣，此结为普通系法。（d）完在后的活拴马扣，解扣时十分方便。

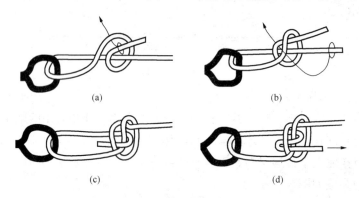

图 3-11　拴马扣

10. 瓶扣

瓶扣在吊物体时常用。它具有物件吊起后不摆动，而且结实可靠，吊瓷套管等物体时多用此扣，它可以承受较大的重量。瓶扣的系法如图 3-12 所示。

图 3-12 中：（a）首先将绳整理成一个绳耳，接着将绳身折向下方，演变成左右两个绳耳。（b）将两个绳耳边一起绕 180°，中间形成一个圈套。（c）将绳耳按箭头所示方向，从圈套中掏出。（d）将第一绳耳边，按箭头所示方向，从后面向下翻落。（e）完成上述步骤后，结中心区便形一个绳眼，整理后，套在所在绑扎的物体上，再上下收紧，两个绳头系一扣即可起吊。（f）全结完成后的造型。

11. 水手结

此结用于较重的荷重。

特点：自紧式，容易解开。

水手结的系法如图 3-13 所示。

将绳在物体上缠绕 3～5 圈后，将绳头绕过主绳压在绳耳下即可。

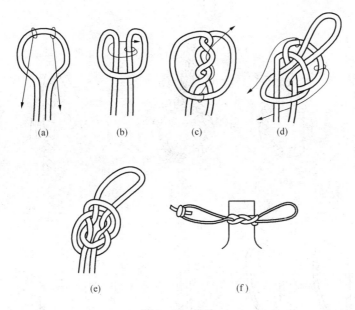

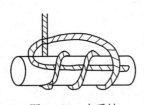

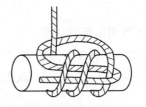

图 3-12　瓶扣

12. 终端搭回结

此结用于较重的荷重。

特点：自紧式，容易解开。

终端搭回结的系法如图 3-14 所示。

图 3-13　水手结　　　　　　图 3-14　终端搭回结

13. 绳索终端套（眼式插法）

绳索终端套的系法如图 3-15 所示。

14. 绳索终端回头

绳索终端回头的系法如图 3-16 所示。

15. 其他绳结

其他绳结的系法如图 3-17 所示。

图 3-17 中：（a）双结，用于轻的荷载，系自紧式，容易解开，且结法简单。

（b）死结，用于起吊荷重。（c）"8"字结，用于麻绳提升小荷重时。

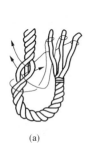  

(a)　　　　　　　(b)　　　　　　　(c)

图 3-15　绳索终端套

(a)　　　　　(b)

图 3-16　绳索终端回头

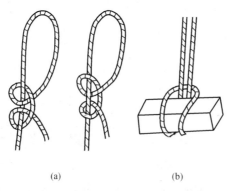 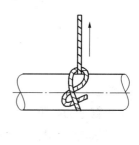

(a)　　　　　　(b)　　　　　　(c)

图 3-17　其他绳结

三、钢丝绳终端套的制作

1. 插接钢丝绳套的各部尺寸

$$破头长度＝（45～48）d$$
$$插接长度＝（20～24）d$$
$$绳套长度＝（13～24）d$$

式中　d——钢丝绳直径。

为了便于计算，表 3-8 为插接钢丝绳的各部尺寸，在编插钢丝绳套时，除了要按规定的要求尺寸外，插接各股的穿插次数不得少于 4 次。

表 3-8　　　　　　　　　　插接钢丝绳套各部尺寸　　　　　　　　　　（mm）

钢丝绳直径 d	破头长度	绳套长度	插接长度
8.7～9.3	500	200	300
11～13	520	200	300
14～17.5	700	300	350

续表

钢丝绳直径 d	破头长度	绳套长度	插接长度
18~21	800	350	440
21.5~23.5	940	400	470
24~26	1050	450	520
27~30	1500	520	750
31~39	1800	700	900

2. 插接钢丝绳套的制作步骤

所用的工具器具有插线钎子、绝缘胶布、钢丝绳切断机或断线钳、手锤、钢丝钳、钢卷尺、方木枕等。

方法及步骤（以 6×19 股或 6×任何绳为例）；图 3-18~图 3-33 为插接钢丝绳套的方法。

1）首先量取规定的破头长度，用绝缘胶布缠绕牢固，记为 C 点。将钢丝绳（6 股）分为两组，每组均为 3 股，其中有一组 3 股中带有一绳芯，即 A 组（带有绳芯）和 B 组。如图 3-18 所示。

2）将带有麻芯的 A 组，在 AB 两组的分叉 C 处将 A 折回并握紧，所回折的绳套应按规定的回头长度的要求进行。如图 3-19 所示。

图 3-18 钢丝绳分股

图 3-19 钢丝绳折回作套

3）将另一组钢丝绳（B 组），沿 A 组折回时的反方向在原钢丝绳的空缺位置上缠绕成其与原始钢丝绳的形状一样。如图 3-20~图 3-23 所示。

图-20 钢丝绳折回合股（一）

图 3-21 钢丝绳折回合股（二）

图-22　钢丝绳折回合股（三）

图3-23　钢丝绳成套

　　4）在完成上述步骤以后，有一绳套出现，并且绳套的前后面分别有A组和B组，将带有绳芯（A组）在分叉点处将多余的麻芯剪断，将绳套中的绳芯叉入绳中，并将A、B组的各股钢丝绳依次破开，便出现了六股钢丝绳，从上到下的排列为1、2、3和4、5、6（即两个面分别有1、2、3和4、5、6）；在1、2、3的排列中，我们规定将三股破开（自然排列），三股距交叉点C处最远的一股为1，其次是2和3；另一面4、5、6方法相同。钢丝绳头破股如图3-24所示。

　　5）在绳股的每个头上包缠黑胶布，以防止穿插时穿花或破股；在绳套的正面（或反面）排出1、2、3或4、5、6各股钢丝绳，在绳套的分叉点C处，将左右共两根钢丝股用插线钎子从中插过，这时，将按顺序排列好的A面（或B面）钢丝绳中的股1（或4）在两根间穿过，应注意的是，顺着钢丝绳的捻向进行穿插。如图3-25和图3-26所示。

　　6）这时用插线钎子顺着钢丝绳的捻向，在刚才插过的两股钢丝绳中，放弃前一股，再穿插第一次插时的一根与顺着钢丝绳捻的贴着剩下的一根，将这根穿入插锥，将A面2（或B面5）号股穿入，即一进插二法。所谓一进插二法，就是插入一股钢丝绳时挑起两根。A面第3股（或B面第6股），与第1次的穿插方式相同，这样A面（或B面）的第一组（三根）钢丝绳就穿插完了。B面（或A面）的穿插方法是在上述所完成的最后一股绳（3或6）上继续采用一进插二的方法。当1～6股各穿插一次为一回，按规程要求，插接的次数不应少于四回。这时插接的长度达要求后，将多余的各股钢丝绳剪掉，用手锤整理一下即完成了制作。如图3-27～图3-33所示。

　　值得一提的是，在穿插其间，为了防止每股钢丝绳松散，应用绝缘胶布将各股钢丝绳头缠紧。在穿插每股钢丝绳的时候，应用钢丝钳将其拉紧，以防止松散。

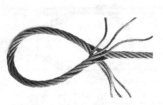

图3-24　钢丝绳头破股

图3-25　第一股穿插位置

图 3-26　穿插第一股

图 3-27　穿插第二股

图 3-28　第三股穿插后拉紧

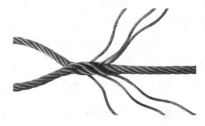

图 3-29　第四、五、六股穿插后拉紧形状

图 3-30　第一股第二回穿插

图 3-31　第二股第二回穿插

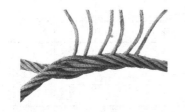

图 3-32　第三股第二回穿插后拉紧

图 3-33　钢丝绳套完成后形状图

四、注意事项

（1）遵守安全规程要求，按规定着装、戴安全帽、手套；

（2）操作实训时遵守纪律，严禁追逐打闹，严禁用绳索开各种玩笑、恶作剧；

（3）正确使用工具，操作时用力适度，以防受伤；

（4）包缠钢丝绳绳股端部的绝缘胶布容易脱落，脱落后要及时重新包缠，防止钢丝绳散股或扎伤。

技能训练

一、训练任务

按照指导老师的要求进行绳结系结、插接钢丝绳套训练。

二、训练准备

1. 绳结训练

2m 长 ϕ10～14 白棕绳，每人 1 根。

2. 插接钢丝绳套训练

两人一组配备工具材料：插线钎子、绝缘胶布、手锤、钢丝钳、钢卷尺、方木枕每组一套，断线钳共用。

钢丝绳（规格及长度由指导老师确定）每组 1 根。

三、工艺要求及评分标准

工艺要求及评分标准见表 3-9。

表 3-9　　　　　　　　工艺要求及评分标准

序号	工艺要求	评分标准	配分	扣分	得分
1	着装要求：穿工作服，戴安全帽，穿工作鞋	未按要求着装，缺一项扣 5 分；不规范扣 3 分	5		
2	检查工器具、材料齐全、完好	未检查、漏检每项扣 N 分	5		
3	各选手就位，得到许可后方可开始操作	未经许可扣 N 分	5		
4	直扣系结	绑扎错误该项得零分	10		
5	活扣系结	绑扎错误该项得零分	10		
6	紧线扣	绑扎错误该项得零分	10		
7	猪蹄扣	绑扎错误该项得零分	10		
8	抬扣	绑扎错误该项得零分	10		
9	倒扣	绑扎错误该项得零分	10		
10	背扣	绑扎错误该项得零分	10		
11	倒背扣	绑扎错误该项得零分	5		
12	安全生产	不文明操作扣 5 分	10		
备注	时间	合计	100		
	100min	教师签字			

钢丝绳套制作工艺要求及评分标准见表 3-10。

表 3-10   **钢丝绳套制作工艺要求及评分标准**

项目名称	钢丝绳套制作
考核时间	40min
说明要求	(1) 两人操作：一人考核，一人辅助； (2) 按指定规格、制作尺寸钢丝绳制作； (3) 制作双头套； (4) 本表格工器具、材料、场地均按一名考生需要编制
工具设备	(1) 常用电工工具一套； (2) 插锥一把； (3) 方木（20cm×20cm×40 cm）一块； (4) 钢卷尺一只
材料	(1) 已经截取长度、规格钢丝绳一根； (2) 黑胶布一卷； (3) 线手套 2 双
场地	4m×4m 平整场地

序号	操 作 步 骤	评 分 细 则
一		安全文明
	着装要求：穿工作服，戴安全帽，穿工作鞋	未按要求着装，缺一项扣 N 分；不规范扣 N 分
二		工作前准备
	(1) 材料准备； (2) 工具准备	(1) 每缺少一项扣 N 分； (2) 规格不符合要求，每件扣 N 分； (3) 数量每缺少一件扣 N 分
三		操作过程
1	各选手就位，得到许可后方可开始操作	未经许可扣 N 分
2	量尺画印	首先量取规定的破头长度，用绝缘胶布缠绕牢固，记为 C 点，破头长度＝（45～48）d。错误扣 N 分
3	分股	将钢丝绳（6 股）分为两组，每组均为 3 股，其中有一组 3 股中带有一绳芯，即 A 组（带有绳芯）和 B 组。错误扣 N 分
4	回头套制作	(1) 将带有麻芯的 A 组，在 AB 两组的分叉 C 处将 A 折回并握紧，所回折的绳套应按规定的回头长度的要求进行。错误扣 N 分。 (2) 将另一组钢丝绳（B 组），沿 A 组折回时的反方向在原钢丝绳的空缺位置上缠绕成其与原始钢丝绳的形状一样。错误扣 N 分

续表

序号	操作步骤	评分细则
5	分股	（1）这样，在完成上述步骤以后，有一绳套出现，并且绳套的前后面分别有 A 组和 B 组，将带有绳芯（A 组）在分叉点处将多余的麻芯剪断，将绳套中的绳芯叉入绳中，并将 A、B 组的各股钢丝绳依次破开，便出现了六股钢丝绳，从上到下的排列为 1、2、3 和 4、5、6（即两个面分别有 1、2、3 和 4、5、6）。错误扣 N 分。 （2）在 1、2、3 的排列中，我们规定将三股破开（自然排列），三股距交叉点 C 处最远的一股为 1，其次是 2 和 3；另一面 4、5、6 方法相同。错误扣 N 分
6	穿插	（1）在绳股的每个头上包缠黑胶布，以防止穿插时穿花或破股。错误扣 N 分。 （2）在绳套的正面（或反面）排出 1、2、3 或 4、5、6 各股钢丝绳，在绳套的分叉点 C 处，将左右共两根钢丝股用插线钎子从中插过，这时，将按顺序排列好的 A 面（或 B 面）钢丝绳中的股 1（或 4）在两根间穿过，应注意的是，顺着钢丝绳的捻向进行穿插。每错、少一项扣 N 分。 （3）这时用插线钎子顺着钢丝绳的捻向，在刚才插过的两股钢丝绳中，放弃前一股，再穿插第一次插时的一根与顺着钢丝绳捻的贴着剩下的一根，将这根穿入插锥，将 A 面 2（或 B 面 5）号股穿入，即一进插二法。所谓一进插二法，就是插入一股钢丝绳时挑起两根。每错、少一项扣 N 分。 （4）A 面第 3 股（或 B 面第 6 股），与第 1 次的穿插方式相同，这样 A 面（或 B 面）的第一组（三根）钢丝绳就穿插完了。每错、少一项扣 N 分。 （5）B 面（或 A 面）的穿插方法是在上述所完成的最后一股绳（3 或 6）上继续采用一进插二的方法。每错、少一项扣 N 分。 （6）当 1～6 股各穿插一次为一回，按规程要求，插接的次数不应少于四回。这时插接的长度达要求后，将多余的各股钢丝绳剪掉。每错、少一项扣 N 分。 （7）用手锤进行工艺整理，完成了制作。 （8）在穿插其间，为了防止每股钢丝绳松散，应用绝缘胶布将每股钢丝绳头缠紧。在穿插每股钢丝绳的时候，应用钢丝钳将其拉紧，以防止松散。每处缺陷扣 N 分。 （9）插接长度 = (20～24) d 绳套长度 = (13～24) d 每错、少一项扣 N 分

序号	操 作 步 骤	评 分 细 则
四	安全事项	(1) 遵守安全规程要求，按规定着装、戴安全帽、手套。 (2) 正确使用工具，操作时用力适度，以防受伤。每次失误扣 N 分。 (3) 包缠钢丝绳绳股端部的绝缘胶布容易脱落，脱落后要及时重新包缠，防止钢丝绳散股或扎伤人员。否则扣 N 分
五	工作终结	(1) 现场清理，存在遗留物，每件（个）扣 N 分； (2) 汇报工作完毕，交还工器具

？思考与练习

1. 起重用的麻绳根据不同的分类有哪几种？

2. 麻绳、白棕绳在选用时，如何根据其现状来确定它的允许拉力？

3. 钢丝绳套制作时，要保证哪些数据？

4. 钢丝绳有哪两大类？按钢丝和股的绕捻方向分为几种？

5. 试述钢丝绳的型式和选用方法。

6. 说出常用绳结的名称并进行系结。

单元四

登 杆 训 练

　　由于架空电力线路具有优越的经济技术特性，得以广泛应用。架空电力线路的施工安装、运行维护工作，相当一部分任务需要高空作业来完成，因此，从事电力线路工作必须具有良好的高空作业素质，而攀登各种杆塔的技能，是该项工作的基本功。这里，我们开始进行攀登杆塔的技能训练。

任务　登杆训练

学习目标

1. 能正确使用登杆工具、安全用具。

2. 能使用登杆工具熟练登杆。

3. 知道登杆作业的安全技术措施。

任务描述

　　生产中，对于不同形式的杆塔，有不同的攀登方法，目前，对于钢筋混凝土杆塔，多使用脚扣、踏板或在杆塔上安装爬梯的方法进行攀登；对于铁塔多采用安装脚钉、爬梯或电梯的方式攀登。这里，主要学习利用脚钉、脚扣和踏板等工具进行杆塔攀登的方法和有关事项。

学习内容

一、登杆工器具

　　1. 脚扣

　　常用的脚扣分为水泥杆带胶皮的可调式（固定）铁脚扣和用于木质电杆的不可调式铁脚扣，如图 4-1 所示。

　　（1）使用前必须仔细检查脚扣各部分有无断裂、腐朽现象，脚扣皮带是否结实、牢固，如有损坏，应及时更换，不得用绳子或电线代替。

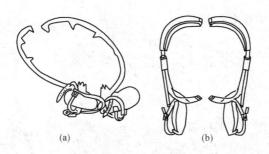

图 4－1　脚扣

（a）攀登木杆用；（b）攀登钢筋混凝土杆用

（2）一定要按电杆的规格，选择大小合适的脚扣，使其牢靠地扣住电杆。

（3）雨天或冰雪天不宜登杆，容易出现滑落伤人事故。

（4）在登杆前，应对脚扣进行人体载荷冲击试验。检查脚扣是否牢固可靠。

（5）穿脚扣时，脚扣带的松紧要适当，应防止脚扣在脚上转动或脱落。

（6）上、下杆的每一步都必须使脚扣与电杆之间完全扣牢，否则易出现下滑及其他事故。

2. 踏板

踏板由板、绳索和挂钩等组成。板采用质地坚韧的木板制成；绳索应采用 1.6mm 三股尼龙绳（或蚕丝绝缘绳、白棕绳），绳两端系结在踏板两头的扎结槽内。顶端装上铁制挂钩；绳长应保持操作者一人一手长，踏板和绳均应能承受 2205kN 重力，每半年进行一次载荷试验。踏板规格如图 4－2 所示。

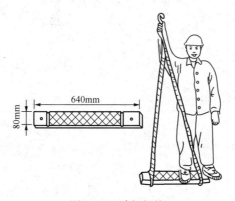

图 4－2　踏板规格

3. 安全带

安全带主要由护腰带、围杆带和二道保护绳构成，其材料多为锦纶尼龙。安全带形式如图 4－3 所示。

安全带（绳）应挂在牢固的构件上或专为挂安全带用的钢架或钢丝绳上，并不得低挂高用，禁止系挂在移动或不牢固的物件〔如避雷器、断路器（开关）、隔离开关（刀闸）、互感器等支持不牢固的物件〕上。系安全带后应检查扣环是否扣牢。

安全带试验条件为：围杆带（绳）、安全绳承受5min 2205N 静拉力；护腰带承受 5min 1470N 静拉力；试验周期为 1 年。

4. 安全帽

使用寿命：从制造之日起，柳条帽≤2 年，塑料帽≤2.5 年，玻璃钢帽≤3.5 年。

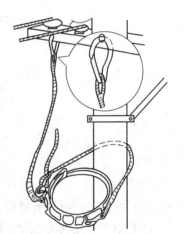

图 4-3　安全带形式

二、利用脚钉攀登铁塔

1. 工器具准备、检查

（1）着装：工作服、绝缘鞋。

（2）安全帽：安全帽的有效使用期未过期；安全帽无破损、裂纹、变形；缓冲衬垫带无断裂；帽带完好，自紧扣完好。

（3）安全带：安全带有试验合格证，且在有效期内；安全带无破损、无严重磨损；安全带组件齐全；安全带的锁扣完好，活动灵活；安全带的挂钩、挂环完好，无锈蚀、无裂纹、无变形；安全带挂钩保险环完好。

（4）速差保护器：外观无损伤、开裂、变形；试验合格。

目前，部分杆塔安装有高空防坠落装置，一并应予以检查。

2. 线路核对

核对线路名称、工作地段、登杆作业的杆塔编号、杆塔形式。

3. 塔身检查

应无丢失塔材、无倾斜、无变形、无加挂杂物。

4. 基础检查

确认基础牢固，无下陷、冲刷、取土、缺土、开裂现象。

5. 环境检查

无妨碍本作业的任何障碍（垃圾、堆积物、杂草、藤类植物、树木、建筑物、交叉跨越物、邻近带电线路、带电体）等。

6. 攀登

（1）登杆前：检查安全用具佩带齐全、正确；监护人员已经就位；将安全带打在塔身进行冲击试验。

（2）向上攀登：得到攀登许可命令后开始攀登。手抓铁塔主材，脚踩脚钉向上攀登。注意：手要抓紧，脚须踩牢，不急不躁，循环向上。根据每个人的具体情况，每次训练不要攀登过高，以免发生危险，循序渐进，适应高度。当觉得疲劳或高度适当时，应立即打好安全带稍事休息，体能恢复后，即可下塔，经过多次训练，一定时期后即可攀登至塔顶。

（3）下铁塔。下塔动作与上塔相似，仍需注意手抓紧，脚踩牢，稳稳当当下来。

三、利用脚扣攀登钢筋混凝土电杆

1. 工器具准备、检查

（1）着装：工作服、绝缘鞋。

（2）安全帽：安全帽的有效使用期未过期；安全帽无破损、裂纹、变形；缓冲衬垫带无断裂；帽带完好，自紧扣完好。

（3）安全带：安全带有试验合格证，且在有效期内；安全带无破损、无严重磨损；安全带组件齐全；安全带的锁扣完好，活动灵活；安全带的挂钩、挂环完好，无锈蚀、无裂纹、无变形；安全带挂钩保险环完好。

（4）速差保护器：外观无损伤、开裂、变形；试验合格。

（5）脚扣：有试验合格证，且在有效期内；组件齐全；金属部分无锈蚀、裂纹、变形、损伤；防滑橡胶磨损不严重，固定橡胶螺钉齐全无缺失；支撑块螺栓磨损不严重、支撑块活动灵活；脚扣带无破损、无严重磨损。

目前，部分杆塔安装有高空防坠落装置，一并应予以检查。

2. 线路核对

核对线路名称、工作地段、登杆作业的杆塔编号、杆塔形式。

3. 杆身检查

应无裂纹、无倾斜、无加挂杂物。

4. 基础检查

确认基础牢固，无下陷、冲刷、取土、缺土、开裂现象。

5. 环境检查

无妨碍本作业的任何障碍（垃圾、堆积物、杂草、藤类植物、树木、建筑物、交叉跨越物、邻近带电线路、带电体）等。

6. 攀登

（1）登杆前对脚扣进行冲击试验；试验时先登一步电杆，然后使整个人体的重力以冲击的速度加在一只脚扣上，若无问题再试验另一只脚扣。当试验证明两只脚扣都完好时，方可进行练习。

（2）根据杆根的直径，调整好合适的脚扣节距，使脚扣能牢靠地扣住电杆。以防止脚扣下滑或脱落。

（3）站至杆下，两手扶杆，用一只脚扣稳稳地扣住电杆，另一只脚扣准备提升。若左脚向上跨扣，则左手应同时向上扶住电杆。

（4）接着右脚向上跨扣，右手应同时向上扶住电杆，这时左脚的脚扣借助右脚的跨扣力（或惯性），从杆上提起脚扣。

（5）身体上身前倾，臀部后座，双手切忌搂抱电杆，而双手起的作用是扶持。

（6）两只脚交替上升，步子不宜过大，快到杆顶时，要防止横担碰头，待双手快到杆顶时，要选择好合适的工作位置，系好安全带。脚扣登杆方法如图 4-4 所示。

图 4-4　脚扣登杆方法

（7）下杆方法基本是上杆动作的重复，只是方向不同。但是由于水泥杆是拔稍的，即根部较粗，稍都较细，按 1/75 的比例拔稍，所以，在开始上杆时选择好的脚扣节距，待登一定高度以后，可适当调节脚扣的节距，这样才能使脚扣扣住电杆；在下杆时可适当扩大脚扣的节距。具体调节方法如下：若先调节左脚的脚扣，先将左脚脚扣从杆上拿出并抬起，左手扶住电杆，右手向下，使左脚脚扣与右手接触并达到调节的目的；若调节右脚脚扣，则右手扶杆，用左手与右脚的接触来进行调节。

四、利用踏板攀登钢筋混凝土电杆

1. 踩板检查

踩板应有试验合格证，且在有效期内；组件齐全；脚蹬板干燥不潮湿，无污垢、无破损、裂纹、严重变形；踩板承重绳干燥不潮湿、霉变，无断股、严重磨损；鸡心环完好，无锈蚀、变形、严重磨损；挂钩完好，无锈蚀、裂纹、变形。

2. 其余准备、检查内容、项目

其余准备、检查内容、项目同前。

3. 踏板登杆的注意事项

(1) 踏板使用前，一定要检查，若发现缺陷应及时更换或处理。

(2) 踏板挂钩时必须正钩，切勿反钩，以免造成脱钩事故。踏板挂钩方法如图4-5所示。

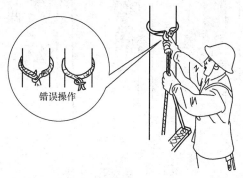

错误操作

图4-5　踏板挂钩方法

(3) 登杆前，应先将踏板钩挂好，用人体作冲击荷载试验。检查踏板的可靠性；同时对安全带也用人体进行冲击荷载试验。

4. 踏板登杆训练步骤

(1) 先把一只踏板钩挂在电杆，高度以操作者跨上为准，另一只踏板反挂在肩上。

(2) 用右手握住挂钩端双根棕绳，并用大拇指顶住挂钩，左手握住左边贴近木板的单根棕绳，把右脚跨上踏板，然后用力使人体上升，待重心转到右脚。左手即向上扶住电杆，如图4-6（a）和（b）所示。

(3) 当人体上升到一定高度时，松开右手并向上扶住电杆使人体立直，将左脚绕过左边单根棕绳踏入木板内，如图4-6（c）所示。

(4) 待人体站稳后，在电杆上方挂上另一支踏板，然后右手紧握上一只踏板的双根棕绳，并使大拇指顶住挂钩，左手握住左边贴近木板的单根棕绳，把左脚从下踏板左边的单根棕绳内退出，改成踏在正面下踏板上，接着将右脚跨上上踏板。手脚同时用力，使人体上升，如图4-6（d）所示。

(5) 当人体离开下面踏板时，需要把下面一只踏板解下，此时左脚必须抵住电杆，以免人体摇晃不稳，如图4-6（e）所示。以后重复上述各步骤进行攀登，直至所需高度。

5. 踏板下杆训练步骤

(1) 人体站稳在现用的一只踏板上（左脚绕过左边棕绳踏入木板内），把另一

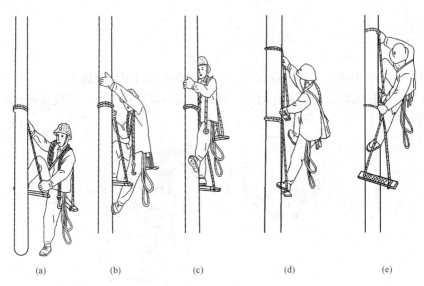

图 4-6　踏板登杆方法

只踏板钩挂在下方电杆上。

（2）右手紧握现用踏板钩处双棕绳根部，并用大拇指抵住挂钩，左脚抵住电杆下伸，随即用左手握住下踏板的挂钩处，人体也随左脚的下落而下降，同时把下踏板下降到适当位置，将左脚插入下踏板两根棕绳间并抵住电杆，如图 4-7（a）所示。

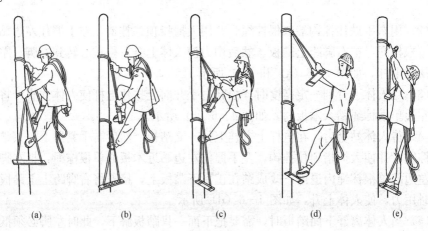

图 4-7　踏板下杆方法

（3）然后将左手握住上踏板的左端棕绳，同时左脚用力抵住电杆，以防止踏板滑下和人体摇晃，如图 4-7（b）所示。

（4）双手紧握上踏板的两端棕绳，左脚抵住电杆不动，人体逐渐后仰下降，双手也随人体下降而下移紧握棕绳的位置，直至贴近两端木板，此时人体向后仰开，同时右脚从上踏板退下，使人体不断下降，直至右脚踏到下踏板，如图 4-7（c）和（d）所示。

（5）在右脚踏到下踏板的同时，把左脚从下踏板两根棕绳内抽出，人体贴近电杆站稳，左脚下移并绕过左边棕绳踏到下踏板上，如图 4-7（e）所示。以后步骤重复进行，直至人体双脚着地为止。

踏板登杆和下杆训练的注意：初学者必须在较低的电杆下部练习，待熟练以后，方可向高处登杆。

五、注意事项

（1）训练时，指导教师必须在场指导学员进行工器具检查，指导学员正确使用安全防护用具以及正确的动作要领，强调安全事项。

（2）训练过程中必须使用速差保护器，严防出现危险。

（3）训练时，严格要求学员不得在现场追逐、打闹、恶作剧。

技能训练

一、训练任务

（1）攀登铁塔训练，使学员适应高度。

（2）使用脚扣攀登钢筋混凝土电杆。

（3）使用踏板攀登钢筋混凝土电杆。

二、训练准备

（1）按 5～6 人一组分组；按规定着装，每人配备安全帽一顶，按规定配发手套。

（2）每组配备安全带两套，速差器一个，脚扣两对，杆塔一基。

（3）每组配备踏板两套。

三、工艺要求及评分标准

登杆训练评分标准见表 4-1。

表 4-1　　　　　　　　　　　登杆训练评分标准

序号	工艺要求	评分标准	配分	扣分	得分
1	攀登铁塔训练	（1）不能正确使用安全防护用具扣 5 分； （2）不能按照老师要求训练扣 5 分； （3）不能达到指定高度扣 5 分； （4）不遵守纪律每次扣 5～10 分	20		

续表

序号	工艺要求	评 分 标 准	配分	扣分	得分
2	脚扣登杆训练	(1) 不能正确检查、试验工器具每件扣5分； (2) 不能正确使用安全防护用具扣5分； (3) 不能正确使用脚扣扣5分； (4) 动作不规范、不熟练扣10~20分； (5) 不能按照老师要求训练扣5分； (6) 不能达到指定高度扣5分； (7) 不遵守纪律每次扣5~10分	30		
3	踏板登杆训练	(1) 不能正确检查、试验工器具每件扣5分； (2) 不能正确使用安全防护用具扣5分； (3) 不能正确使用脚扣扣5分； (4) 动作不规范、不熟练扣10~20分； (5) 不能按照老师要求训练扣5分； (6) 不能达到指定高度扣5分； (7) 不遵守纪律每次扣5~10分	30		
4	安全生产	(1) 不按规定着装扣10分； (2) 不文明操作扣10分	20		
备注	时间	合计	100		
	30min	教师签字			

❓ 思考与练习

1. 登杆工具有哪些？如何正确使用保管？

2. 高空作业应注意什么？

3. 简要说明安全帽能对头部起保护作用的原因。

4. 试述在杆塔上工作应采取哪些安全措施。

单元五

杆 上 作 业

架空电力线路的施工安装、运行维护工作中，高空作业项目很多，在此，我们仅仅学习一些常见基本项目的操作方法，为今后从事电力线路工作打好基本功，为适应各项工作奠定基础。

任务 杆 上 作 业

学习目标

1. 能采用各种方式（脚扣、踩板）熟练攀登杆塔，并进行杆上作业（直线杆塔单横担、耐张杆塔双横担、弧垂观测、紧线）。

2. 会使用常用工器具（绳索、滑轮、滑轮组等）、正确使用安全用具。

3. 知道高处作业的安全措施。

任务描述

在条件允许的情况下，送电线路杆塔的横担均在地面进行安装，而配电线路的横担，由于体积小、重量轻，结合施工安装工程特点，既可以在地面组装，又可以在高空组装或更换；导线的弧垂观测和紧线工作也是如此，这里，我们共同学习这些工作的基本操作技能。

学习内容

一、直线杆塔单横担安装

1. 工器具准备、检查

着装、安全帽、安全带、登杆工具、速差保护器、电工常用工具、工具包、传递绳、钢卷尺、记号笔等应准备齐全、检查试验合格。

目前，部分杆塔安装有高空防坠落装置，一并应予以检查。

2. 材料准备、检查

10kV 直线杆塔单横担（∠63mm×63mm×6mm、长 1500mm）、U 形抱箍。

3. 线路核对

核对线路名称、供电方向、工作地段、登杆作业的杆塔编号、杆塔形式。

4. 塔身检查

应无丢失塔材、无倾斜、无变形、无加挂杂物。

5. 基础检查

确认基础牢固，无下陷、冲刷、取土、缺土、开裂现象。

6. 环境检查

无妨碍本作业的任何障碍（垃圾、堆积物、杂草、藤类植物、树木、建筑物、交叉跨越物、邻近带电线路、带电体）等。

7. 作业方法

（1）携带杆上作业全套工器具，做好上杆前的准备工作。

（2）上杆，到适当位置后，安全带应系在主杆或牢固的构件上（一般在横担位置以下）。若使用脚扣登杆作业，在到达作业区以后，双脚应站成上下位置，受力腿应伸直，另一只脚掌握平衡，将传递绳系结在杆身上。在杆上作业人员距离杆顶规定位置处划印，此印为横担的安装基准，如图5-1所示；由地面辅助人员将横担绑好，吊上杆顶并放在作业人员的安全带上，操作者调整好站立位置，卸下U形抱箍螺栓，将抱箍扣在电杆头部所规定的尺寸上，用双手肘腕托住横担，双手掌抱住电杆并将拖箍顶住，把横担安装在U形抱箍内并将螺帽分别用手拧牢，再用活络扳手固定.还有一种方法是：把U形螺帽大松，以不掉为准，然后将横担举起，把U形抱箍从杆头套入，以达到规定尺寸后，再紧固。这种方法比较简单，但需要有一定的力气及技巧。作业完毕后拆除传递绳，下杆，工作结束。

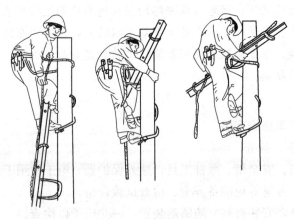

图5-1 横担安装

8. 质量要求

（1）以螺栓连接的构件应符合下列规定：

1）螺杆应与构件面垂直，螺头平面与构件间不应有间隙。

2）螺栓紧好后，螺杆丝扣露出的长度，单螺母不应少于两个螺距；双螺母可与螺母相平。

3）当必须加垫圈时，每端垫圈不应超过2个。

（2）螺栓的穿入方向应符合下列规定：U形抱箍由送电侧穿入或按统一方向。

（3）线路单横担的安装，直线杆应装于受电侧；分支杆、90°转角杆（上、下）及终端杆应装于拉线侧。

（4）横担安装应平正，安装偏差应符合下列规定：

1）横担端部上下歪斜不应大于20mm。

2）横担端部左右扭斜不应大于20mm。

9. 注意事项

（1）安全带不宜挂得太长（最好在杆子上绕二圈）。

（2）横担放在安全带上以后，应将传递绳整理利落；一般将另一端放在吊横担时身体的另一侧，随横担在一侧上升，传递绳在另一侧下降。

（3）不用的工具切忌随意搁在横担上或杆顶上，以防不慎掉下伤人，应随时放在工具袋内。

（4）地面人员应随时注意杆上人员操作，除必须外，其他人员应远离作业区下方，以免杆上作业人员掉东西砸伤地面人员。

二、耐张杆塔双横担安装

1. 工器具准备、检查

着装、安全帽、安全带、登杆工具、速差保护器、电工常用工具、工具包、传递绳、钢卷尺、记号笔等应准备齐全、检查试验合格。

目前，部分杆塔安装有高空防坠落装置，一并应予以检查。

2. 材料准备、检查

10kV耐张杆塔双横担（∠63mm×63mm×6mm、长1500mm）两根及配套螺栓。

3. 线路核对

核对线路名称、供电方向、工作地段、登杆作业的杆塔编号、杆塔形式。

4. 塔身检查

应无丢失塔材、无倾斜、无变形、无加挂杂物。

5. 基础检查

确认基础牢固，无下陷、冲刷、取土、缺土、开裂现象。

6. 环境检查

无妨碍本作业的任何障碍（垃圾、堆积物、杂草、藤类植物、树木、建筑物、交叉跨越物、邻近带电线路、带电体）等。

7. 作业方法（双人作业法）

（1）携带杆上作业全套工器具，做好上杆前的准备工作。

（2）1号作业人员上杆，到适当位置后，安全带应系在主杆或牢固的构件上（一般在横担位置以下）。若使用脚扣登杆作业，在到达作业区以后，双脚应站成上下位置，受力腿应伸直，另一只脚掌握平衡，将传递绳系结在杆身上。杆上作业人员在距离杆顶规定位置处划印，此印为横担的安装基准；然后2号作业人员上杆，打好安全带就位。由地面辅助人员将横担绑好，吊上杆顶并放在作业人员各自的安全带上，两名操作者调整好站立位置，将穿钉螺栓穿入横担螺孔并将螺帽适度拧紧，然后调整横担使其在电杆头部所规定的尺寸上，一人托住横担，另一人用活络扳手固定。还有一种方法是：把穿钉螺帽大松，以不掉为准，然后共同将横担举起，把横担从杆头套入，以达到规定尺寸后，再紧固。作业完毕后拆除传递绳，下杆，工作结束。

8. 质量要求

除了与直线单横担安装质量要求相同以外，还应满足两根横担间的间距左右均匀，各条螺栓受力均衡。

9. 注意事项

与直线单横担相同。

三、弧垂观测

1. 工器具准备、检查

着装、安全帽、安全带、登杆工具、速差保护器、弧垂观测板等应准备齐全、检查试验合格。

目前，部分杆塔安装有高空防坠落装置，一并应予以检查。

2. 线路核对

核对线路名称、供电方向、工作地段、登杆作业的杆塔编号、杆塔形式。

3. 塔身检查

应无丢失塔材、无倾斜、无变形、无加挂杂物。

4. 基础检查

确认基础牢固，无下陷、冲刷、取土、缺土、开裂现象。

5. 环境检查

无妨碍本作业的任何障碍（垃圾、堆积物、杂草、藤类植物、树木、建筑物、交叉跨越物、邻近带电线路、带电体）等。

6. 作业方法

（1）紧线时弧垂观测人员选好观测档并与紧线人员密切配合。

（2）弧垂观测人员登杆至适当位置，挂好弧垂板，进行观测。方法如图 5－2 所示。

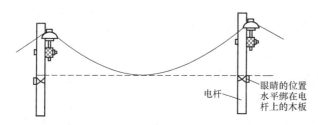

眼睛的位置
水平绑在电杆上的木板
电杆

图 5－2 弧垂观测方法

在紧线过程中，导线逐渐升起，弧垂观测人员视线看观测档两端杆塔上的弧垂板上表面，待导线与视线相切时，则导线弧垂恰好符合设计要求，通知紧线人员停止牵引。

7. 弧垂观测档的选择

架空电力线路观测弧垂时应实测导线或避雷线周围空气的温度；弧垂观测档的选择，应符合下列规定：

（1）当紧线段在 5 档及以下时，靠近中间选择 1 档；

（2）当紧线段在 6～12 档时，靠近两端各选择 1 档；

（3）当紧线段在 12 档以上时，靠近两端及中间各选择 1 档；

（4）观测档宜选档距较大和悬挂点高差较小及接近代表档距的线档；

（5）弧垂观测档的数量可以根据现场条件适当增加，但不得减少。

8. 架线工艺要求

紧线弧垂在挂线后应随即在该观测档检查，其允许偏差应符合下列规定。

（1）一般情况下应符合表 5－1 的规定。

表 5－1   弧垂允许偏差

线路电压等级	110kV	220kV 及以上
允许偏差	+5%，−2.5%	±2.5%

（2）跨越通航河流的大跨越档弧垂允许偏差不应大于±1％，其正偏差值不应

超过 1m。

（3）导线或架空地线各相间的弧垂应力求一致，当满足上条的弧垂允许偏差标准时，各相间弧垂的相对偏差最大值不应超过下列规定：

1）一般情况下应符合表 5 - 2 的规定。

2）跨越通航河流大跨越档的相间弧垂最大允许偏差应为 500mm。

表 5 - 2　　　　　　　　相间弧垂允许偏差最大值

线路电压等级	110kV	220kV 及以上
相间弧垂允许偏差值（mm）	200	300

注　对架空地线时指两水平排列的同型线间。

（4）相分裂导线同相子导线的弧垂应力求一致，在满足第（3）条弧垂允许偏差标准时，其相对偏差应符合下列规定。

1）不安装间隔棒的垂直双分裂导线，同相子导线间的弧垂允许偏差应为 +100mm；

2）安装间隔棒的其他形式分裂导线同相子导线的弧垂允许偏差应符合下列规定：①220kV 为 80mm；②330～500kV 为 50mm。

（5）35kV 架空电力线路的紧线弧垂应在挂线后随即检查，弧垂误差不应超过设计弧垂的 +5%、-2.5%，且正误差最大值不应超过 500mm。

（6）35kV 架空电力线路导线或避雷线各相间的弧垂宜一致，在满足弧垂允许误差规定时，各相间弧垂的相对误差，不应超过 200mm。

（7）10kV 及以下架空电力线路的导线紧好后，弧垂的误差不应超过设计弧垂的 ±5%。同档内各相导线弧垂宜一致，水平排列的导线弧垂相差不应大于 50mm。

四、10kV 紧线操作

1. 工器具准备、检查

着装、安全帽、安全带、登杆工具、速差保护器、紧线器、卡线器等应准备齐全、检查试验合格。

目前，部分杆塔安装有高空防坠落装置，一并应予以检查。

2. 线路核对

核对线路名称、供电方向、工作地段、登杆作业的杆塔编号、杆塔形式。

3. 塔身检查、补强

应无丢失塔材、无倾斜、无变形、无加挂杂物；紧线段杆塔补强已完成。

4. 基础检查

确认基础牢固，无下陷、冲刷、取土、缺土、开裂现象。

5. 环境检查

无妨碍本作业的任何障碍（垃圾、堆积物、杂草、藤类植物、树木、建筑物、交叉跨越物、邻近带电线路、带电体）等。

6. 紧线前的准备工作

（1）在紧线区间两端杆塔上的临时拉线等补强措施，必须重新检查、完善，调整一次，以防止杆塔受力后发生倒杆塔事故或损坏杆塔构件；

（2）全面检查导地线的连接情况，确认符合规定，以及导线无必须处理的损伤时，方可进行紧线；

（3）清除紧线区间内遗留的障碍物，如房屋、树木；

（4）通信联络应保持良好状态，全部通信人员和护线人员均应到位，以便随时观察导线的情况，防止导线掉槽损伤或拉倒杆塔；

（5）观测弧垂人员均应到位并做好准备；

（6）在拖地放线时越过路口处，有时将导线临时埋入地中或支架悬空，在紧线前应将导线挖出或脱离支架；

（7）冬季施工时，应检查导线通过水面是否被冻结；

（8）逐基检查导线是否悬挂在轮槽内；

（9）牵引设备和所用的紧线工具是否已准备就绪；

（10）所有交叉跨越线路的措施是否都稳妥可靠，主要交叉处有无专人照管。

7. 紧线方法

（1）单线收紧法：逐根收紧导线的方法。

优点：所需设备少、牵引力小，操作简单。

缺点：速度慢、效率低，紧线时间长。

（2）双线收紧法：通过平衡滑轮，一次牵引同时收紧两根导线的方法。双线收紧法如图 5-3 所示。

图 5-3　双线收紧法

优点：速度比单紧法快、效率高；

缺点：牵引力比单紧法高，所需设备比单紧法多，但并不十分复杂，在实际施工中常用。

（3）三线收紧法：通过平衡滑轮组，一次牵引同时收紧三根导线，紧线速度快，但工器具多，操作复杂，应用不广泛。三线收紧法如图 5-4 所示。

8. 紧线操作

（1）在锚线塔处，将导线、金具及绝缘子串组装完毕并挂上横担。

（2）在紧线塔处，可采用人力、机械收紧余线，使得导线升空接近弧垂要求。

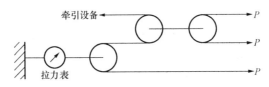

图 5-4　三线收紧法

（3）紧线操作人员登上紧线作业杆塔，将紧线器在横担上固定好，连接卡线器将导线固定；通过收紧紧线器，可收紧导线弧垂。

（4）弧垂观测人员就位并进行观测，当导线弧垂符合要求时，即可下令停止牵引。

（5）紧线操作人员按照技术要求进行划印、安装耐张线夹与金具绝缘子串，使之按照规范要求与横担固定在一起。

（6）处理好引流线，割除多余导线。拆除工器具下杆，完成紧线作业。

五、注意事项

1. 技术措施

（1）讲解各项操作的正确操作方法、步骤、技术要求及质量标准，进行详细的技术交底。

（2）讲解有关作业现场布置，各工位的任务、职责及相互的配合协调。

2. 安全措施

（1）坚决执行安全工作规程中所要求的各项条款。

（2）正确使用工器具，注意人身及设备安全。

（3）严格要求学员遵守现场纪律，避免发生意外。

3. 加强巡回指导

在训练过程中加强巡回指导，指导学员进行正确的操作，及时发现与纠正学员错误操作，消除安全隐患并提高作业质量。

技能训练

一、训练任务

（1）直线杆塔单横担安装。

（2）耐张杆塔双横担安装。

（3）弧垂观测。

（4）10kV 紧线操作。

二、训练准备

（1）按 5～6 人一组分组；按规定着装，每人配备安全帽一顶，按规定配发手套。

（2）每组配备安全带两套，速差器两个，脚扣两对，杆塔一基。

（3）每组配备踏板两套。

（4）每组配备直线单横担一套、耐张双横担一套、弧垂板两个、紧线器、卡线器一套。

（5）每组配备耐张金具绝缘子串两套、铝包带若干。

（6）操作现场的其余准备工作、备品、备件，由指导老师带领学员事先进行准备。

三、工艺要求及评分标准

工艺要求及评分标准见表 5 - 3。

表 5 - 3　　　　　　　　　　　工艺要求及评分标准

序号	工艺要求	评分标准	配分	扣分	得分
1	直线杆塔单横担安装	（1）登杆动作不熟练扣 5 分； （2）横担传递动作错误扣 5 分； （3）安装质量不符合要求每处扣 3 分	25		
2	耐张杆塔双横担安装	（1）登杆动作不熟练扣 5 分； （2）横担传递动作错误扣 5 分； （3）安装质量不符合要求每处扣 3 分； （4）配合不默契扣 3 分	25		
3	弧垂观测	（1）登杆动作不熟练扣 5 分； （2）观测质量不符合要求扣 5 分	15		
4	10kV 紧线操作	（1）登杆动作不熟练扣 5 分； （2）作业方法不规范每次扣 3 分； （3）安装质量不符合要求每处扣 3 分	25		
5	安全生产	（1）发生危险动作每次扣 10 分； （2）不文明操作扣 10 分	10		
备注	时间	合计	100		
	100min	教师签字			

❓**思考与练习**

1．架空线路导线常见的排列方式有哪些类型？

2．采用螺栓连接构件时，有哪些技术规定？

3. 杆塔上螺栓的穿向应符合哪些规定？

4. 何为架空线的弧垂？其大小受哪些因素的影响？

5. 架空线弧垂观测档选择的原则是什么？

6. 在紧线施工中，对工作人员的要求有哪些？

7. 紧线时，耐张（转角）塔均需打临时拉线，临时拉线的作用及要求各是什么？

8. 杆上安装横担时，作业人员需选配哪些工器具？

9. 杆上安装横担时，应注意哪些安全事项？

10. 配电线路横担安装有什么要求？

11. 10kV 及以下的配电线路安装时，对弧垂有什么要求？

12. 架空导线弧垂变化的引起原因有哪些？

13. 试述在杆塔上工作应采取哪些安全措施？

14. 阐述线路放线、紧线的基本过程以及组织措施。

单元六

导 线 连 接 与 绑 扎

> 在电力线路施工安装、运行检修中，由于线路长度绵延几公里甚至几百公里或更长，而导线的制造长度有限、施工损伤难以避免、运行中的外力破坏等很多因素，使得导线需要接续；还有电力线路设计要求，需要将导线采用各种方法进行固定，因此，我们需要学习导线的接续与固定的方法。

任务一　钳　压　连　接

学习目标

1. 知道导线损伤及其相应处理要求，知道导线连接的一般要求及其质量标准。

2. 能够根据说明书正确操作压接工器具。

3. 能够熟练地进行导线的钳压连接，并按照规程的要求进行操作，达到规程要求的质量标准。

任务描述

钳压连接法适用于小截面（标称截面积 $240mm^2$ 以下）导线的连接。导线的接头既是影响导线强度、输送容量的关键部位，又是其薄弱点；因此，规程中对导线接头的接触电阻及握着力有明确的规定，必须重视接头的连接工艺，提高接头的连接质量。

学习内容

钳压连接是用接续管将两根导线连接起来，即将导线穿入接续管内，将接续管与导线一起间隔压陷形成一定数量的凹槽，借助管与线股间的摩擦力、机械咬合力（握着力），使两根导线牢靠地连接起来。在运行中接续管与导线共同承受拉力，因此，接续管应具有抗拉力大和接触电阻小的性能。也可以说钳压法是利用钳压器和杠杆将力传递给钢模，把导线及连接管压成凹状槽连接起来。

1. 钳压器与模具

目前使用的钳压器有利用力臂和丝杠传递压力的机械钳压器、利用压缩液压传递压力的液压钳压器。钳压器外形如图 6-1 所示。

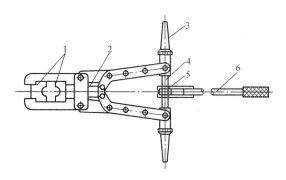

图 6-1　钳压器形式

1—钢模；2—活塞顶杆；3—丝杠保护罩；4—丝杠；5—棘轮；6—手柄

钳压器用于铝绞线时，其钢模型号为 QML，用于钢芯铝绞线时钢模型号为 QMLG 型。钢模由上模与下模组成，其外形如图 6-2 所示。

2. 导线损伤及处理

（1）导线在展放过程中，对已展放的导线应进行外观检查，不应发生磨伤、断股、扭曲、金钩、断头等现象。

（2）导线在同一处损伤，同时符合下列情况时，应将损伤处棱角与毛刺用 0 号砂纸磨光，可不作补修。

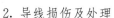
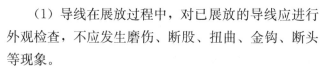
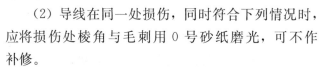

图 6-2　钢模形式

1）单股损伤深度小于直径的 1/2。

2）钢芯铝绞线、钢芯铝合金绞线损伤截面积小于导电部分截面积的 5%，且强度损失小于 4%。

3）单金属绞线损伤截面积小于 4%。

注：①"同一处"损伤截面积是指该损伤处在一个节距内的每股铝丝沿铝股损伤最严重处的深度换算出的截面积总和（下同）。

　　②当单股损伤深度达到直径的 1/2 时按断股论。

（3）当导线在同一处损伤需进行修补时，应符合下列规定。

1）损伤补修处理标准应符合表 6-1 的规定。

表 6 - 1　　　　　　　　　　　　　导线损伤补修处理标准

导线类别	损伤情况	处理方法
铝绞线	导线在同一处损伤程度已经超过上述第（2）条规定，但因损伤导致强度损失不超过总拉断力的 5%时	以缠绕或修补预绞丝修理
铝合金绞线	导线在同一处损伤程度损失超过总拉断力的 5%，但不超过 17%时	以补修管补修
钢芯铝绞线	导线在同一处损伤程度已经超过上述第（2）条规定，但因损伤导致强度损失不超过总拉断力的 5%，且截面积损伤又不超过导电部分总截面积的 7%时	以缠绕或修补预绞丝修理
钢芯铝合金绞线	导线在同一处损伤的强度损失已超过总拉断力的 5%但不足 17%，且截面积损伤也不超过导电部分总截面积的 25%时	以补修管补修

2）当采用缠绕处理时，应符合下列规定。

（a）受损伤处的线股应处理平整；

（b）应选与导线同金属的单股线为缠绕材料，其直径不应小于 2mm；

（c）缠绕中心应位于损伤最严重处，缠绕应紧密，受损伤部分应全部覆盖，其长度不应小于 100mm。

3）当采用补修预绞丝补修时，应符合下列规定。

（a）受损伤处的线股应处理平整；

（b）补修预绞丝长度不应小于 3 个节距，或应符合现行国家标准《电力金具》预绞丝中的规定；

（c）补修预绞丝的中心应位于损伤最严重处，且与导线接触紧密，损伤处应全部覆盖。

4）当采用补修管补修时，应符合下列规定。

（a）损伤处的铝（铝合金）股线应先恢复其原绞制状态；

（b）补修管的中心应位于损伤最严重处，需补修导线的范围在管内距离两端管口各不小于 20mm 处；

（c）当采用液压施工时应符合 SDJ 226—1987《架空送电线路导线及避雷线液压施工工艺规程》的规定。

（4）导线在同一处损伤有下列情况之一者，应将损伤部分全部割去，重新以直线接续管连接。

1）损失强度或损伤截面积超过上述第（3）条以补修管补修的规定。

2）连续损伤其强度、截面积虽未超过上述第（3）条以补修管补修的规定，但损伤长度已超过补修管能补修的范围。

3）钢芯铝绞线的钢芯断一股。

4）导线出现灯笼的直径超过导线直径的 1.5 倍而又无法修复。

5）金钩、破股已形成无法修复的永久变形。

（5）作为避雷线的钢绞线，其损伤处理标准，应符合表 6-2 的规定。

表 6-2　　　　　　　　　　　　钢绞线损伤处理标准

钢绞线股数	以镀锌铁丝缠绕	以补修管补修	锯断重接
7	不允许	断 1 股	断 2 股
19	断 1 股	断 2 股	断 3 股

（6）不同金属、不同规格、不同绞制方向的导线严禁在档距内连接。

（7）采用接续管连接的导线或避雷线，应符合现行国家标准《电力金具》的规定，连接后的握着力与原导线或避雷线的保证计算拉断力比，应符合下列规定。

1）接续管不小于 95％。

2）螺栓式耐张线夹不小于 90％。

（8）导线与连接管连接前应清除导线表面和连接管内壁的污垢，清除长度应为连接部分的 2 倍。连接部位的铝质接触面，应涂一层电力复合脂，用细钢丝刷清除表面氧化膜，保留涂料，进行压接。

（9）导线与接续管采用钳压连接，应符合下列规定。

1）接续管型号与导线的规格应配套。

2）压口数及压后尺寸应符合表 6-3 的规定。

3）压口位置、操作顺序应按图 6-3 进行。

4）钳压后导线端头露出长度，不应小于 20mm，导线端头绑线应保留。

5）压接后的接续管弯曲度不应大于管长的 2％，有明显弯曲时应校直。

6）压接后或校直后的接续管不应有裂纹。

7）压接后接续管两端附近的导线不应有灯笼、抽筋等现象。

8）压接后接续管两端出口处、合缝处及外露部分，应涂刷电力复合脂。

9）压后尺寸的允许误差，铝绞线钳接管为 ±1.0mm；钢芯铝绞线钳接管为 ±0.5mm。

（10）10kV 及以下架空电力线路的导线，当采用缠绕方法连接时，连接部分的线股应缠绕良好，不应有断股、松股等缺陷。

（11）10kV 及以下架空电力线路在同一档距内，同一根导线上的接头，不应超过 1 个。导线接头位置与导线固定处的距离应大于 0.5m，当有防震装置时，应在防震装置以外。

（12）35kV 架空电力线路在一个档距内，同一根导线或避雷线上不应超过 1 个直线接续管及 3 个补修管。补修管之间、补修管与直线接续管之间及直线接续管（或补修管）与耐张线夹之间的距离不应小于 15m。

表 6-3　　　　　　　　　压口数及压后尺寸

导线型号		压口数	压后尺寸 D (mm)	钳压部位尺寸(mm)		
				a_1	a_2	a_3
铝绞线	LJ-16	6	10.5	28	20	34
	LJ-25	6	12.5	32	20	36
	LJ-35	6	14.0	36	25	43
	LJ-50	8	16.5	40	25	45
	LJ-70	8	19.5	44	28	50
	LJ-95	10	23.0	48	32	56
	LJ-120	10	26.0	52	33	59
	LJ-150	10	30.0	56	34	62
	LJ-185	10	33.5	60	35	65
钢芯铝绞线	LGJ-16/3	12	12.5	28	14	28
	LGJ-25/4	14	14.5	32	15	31
	LGJ-35/6	14	17.5	34	42.5	93.5
	LGJ-50/8	16	20.5	38	48.5	105.5
	LGJ-70/10	16	25.0	46	54.5	123.5
	LGJ-95/20	20	29.0	54	61.5	142.5
	LGJ-120/20	24	33.0	62	67.5	160.5
	LGJ-150/20	24	36.0	64	70	166
	LGJ-185/25	26	39.0	66	74.5	173.5
	LGJ-240/30	2×14	43.0	62	68.5	161.5

3. 钳压操作前准备工作

（1）选择压模和连接管。必须使其符合现行规定该导线所用的压模和连接管。

（2）检查压接钳是否完整，并在活动部分涂以润滑油，然后安装压模。

（3）割线。将导线用钢锯锯齐，锯前应在锯点的两侧用与导线相同的线股，或软于导线的绑线将导线捆紧，以免松股，钢锯应垂直于导线锯。

（4）清洗。为了使导线的连接有良好的电气接触，必须将导线和连接管内壁细致的进行清洗，除掉污垢及氧化膜。首先用汽油将导线和连接管的接触面清洗干

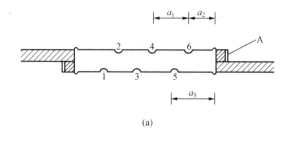

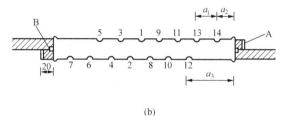

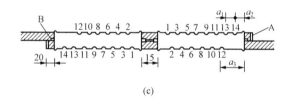

图 6-3　压口位置、操作顺序

(a) LJ-35 铝绞线；(b) LGJ-35 钢芯铝绞线；(c) LGJ-240 钢芯铝绞线

净，导线的清洗长度应为连接部分（压接长度）的 1.25 倍。然后在导线表面和连接管内壁涂一层电力脂，再用钢丝刷擦刷，除净氧化膜，擦刷后应保留表面上的电力脂（因铝与空气接触在很短时间内就会氧化，形成一层氧化膜，能显著地增加连接处的接触电阻）进行钳压。

对氧化膜较严重的导线，不仅限于导线表面的清洗，还应将导线各股散开，将每股线单独清洗干净。

（5）画印。按照规范要求，在压接管外壁用记号笔画出施压印记，画好后应立即复查。

（6）穿管。将导线头自压接管两端穿入，线头伸出管口长度以压接后不小于 20mm 为宜，线头穿入后的位置，应使最后一模压在导线端头为准。

4. 钳压操作

上述各项无误后，可将导线连接管放进钢模内，自第一模开始，按次序顺序压接，每模压下后应停留 30s。钢芯铝绞线应从中间开始，依次先向一端，一上一下交错钳压，再从中间向另一端，上下交错钳压。

钳压结束后，检查连接管弯曲度不大于2%，压后尺寸允许偏差为铜绞线、钢芯铝绞线压接管为±0.5mm，铝绞线压接管为±1.0mm。

任务二 液 压 连 接

学习目标

1. 能够根据说明书正确操作压接工器具。

2. 知道导地线压接原理和压接方法。

3. 知道规程要求的液压质量标准并能对压接质量进行把关。

任务描述

液压连接法适用于较大截面（标称截面积240mm² 及以上）导线的连接，均采用导线对接连接，由于其金具管壁较厚、尺寸较长，接触电阻比钳压压接小，握着力较大，所以是近年来广泛使用的方法。同样，导线的接头既是影响导线强度、输送容量的关键部位，又是其薄弱点；因此，规程中对导线接头的接触电阻及握着力有明确的规定，必须重视接头的连接工艺，提高接头的连接质量。

学习内容

一、液压压接

液压压接是用圆接续管将两根导线对接连接起来，即将导线穿入接续管内，将接续管与导线一起施压，造成径向压缩和纵向伸长，从而使导线与接续管紧密结合在一起，借助管与线股间的摩擦力，使两根导线牢靠地连接起来。在运行中接续管与导线共同承受拉力，因此，接续管应具有抗拉力大和接触电阻小的性能。

1. 导线连接的一般规定

（1）不同金属、不同规格、不同绞制方向的导线或架空地线，严禁在一个耐张段内连接。

（2）当导线或架空地线采用液压或爆压连接时，操作人员必须培训并考试合格持有操作许可证。连接完成并自检合格后，应在压接管上打上操作人员的钢印。

（3）导线或架空地线，必须使用合格的电力金具配套接续管及耐张线夹进行连接。连接后的握着强度，应在架线施工前进行试件试验。试件不得少于3组（允许接续管与耐张线夹作为一组试件）。其试验握着强度对液压及爆压都不得小于导线或架空地线设计使用拉断力的95%。

对小截面导线采用螺栓式耐张线夹及钳压管连接时，其试件应分别制作。螺栓式耐张线夹的握着强度不得小于导线设计使用拉断力的90%。钳压管直线连接的握着强度，不得小于导线设计使用拉断力的95%。架空地线的连接强度应与导线相对应。

（4）采用液压连接，工期相近的不同工程，当采用同制造厂、同批量的导线、架空地线、接续管、耐张线夹及钢模完全没有变化时，可以免做重复性试验。

（5）导线切割及连接应符合下列规定。

1）切割导线铝股时严禁伤及钢芯；

2）切口应整齐；

3）导线及架空地线的连接部分不得有线股绞制不良、断股、缺股等缺陷；

4）连接后管口附近不得有明显的松股现象。

（6）采用钳压或液压连接导线时，导线连接部分外层铝股在清擦后应薄薄地涂上一层电力复合脂，并应用细钢丝刷清刷表面氧化膜，应保留电力复合脂进行连接。

（7）各种接续管、耐张线夹及钢锚连接前必须测量管的内、外直径及管壁厚度，其质量应符合 GB/T 2314—2008《电力金具通用技术条件》规定。不合格者，严禁使用。

（8）接续管及耐张线夹压接后应检查外观质量，并应符合下列规定。

1）用精度不低于 0.1mm 的游标卡尺测量压后尺寸，其允许偏差必须符合现行国家标准 SDJ 226—1987《架空送电线路导线及避雷线液压施工工艺规程》的规定；

2）飞边、毛刺及表面未超过允许的损伤，应锉平并用 0 号砂纸磨光；

3）爆压管爆后外观有下列情形之一者，应割断重接：

（a）管口外线材明显烧伤，断股；

（b）管体穿孔、裂缝。

4）弯曲度不得大于 2%，有明显弯曲时应校直；

5）校直后的连接管如有裂纹，应割断重接；

6）裸露的钢管压后应涂防锈漆。

（9）在一个档距内每根导线或架空地线上只允许有一个接续管和三个补修管，当张力放线时不应超过两个补修管，并应满足下列规定。

1）各类管与耐张线夹出口间的距离不应小于 15m；

2）接续管或补修管与悬垂线夹中心的距离不应小于 5m；

3）接续管或补修管与间隔棒中心的距离不宜小于 0.5m；

4）宜减少因损伤而增加的接续管。

（10）采用液压导线或架空地线的接续管、耐张线夹及补修管等连接时，必须符合国家现行标准 SDJ 226—1987 的规定。

2. 导线损伤及处理

（1）非张力放线。

1）导线在同一处的损伤同时符合下述情况时可不作补修，只将损伤处棱角与毛刺用 0 号砂纸磨光。

（a）铝、铝合金单股损伤深度小于股直径的 1/2；

（b）钢芯铝绞线及钢芯铝合金绞线损伤截面积为导电部分截面积的 5% 及以下。且强度损失小于 4%；

（c）单金属绞线损伤截面积为 4% 及以下。

注：①同一处损伤截面是指该损伤处在一个节距内的每股铝丝沿铝股损伤最严重处的深度换算出的截面积总和（下同）。

②损伤深度达直径的 1/2 时，按断股考虑。

2）导线在同一处损伤需要补修时，应符合下列规定。

（a）导线损伤补修处理标准应符合表 6-4 的规定。

表 6-4　　　　　　　　　　　　　导线损伤补修处理标准

处理方法	线　　别	
	钢芯铝绞线与钢芯铝合金绞线	铝绞线与铝合金绞线
以缠绕或补修预绞丝修理	导线在同一处损伤的程度已经超过上述第 1）条的规定，但因损伤导致强度损失不超过总拉断力的 5%，且截面损伤又不超过总导电部分截面积的 7% 时	导线在同一处损伤的程度已经超过上述第 1）条的规定，但因损伤导致强度损失不超过总拉断力的 5% 时
以补修管补修	导线在同一处损伤的强度损失已经超过总拉断力的 5%，但不足 17%，且截面积损伤也不超过总导电部分截面积的 25% 时	导线在同一处的损伤，强度损失超过总拉断力的 5%，但不足 17% 时

（b）采用缠绕处理时应符合下列规定：

a）将受伤处线股处理平整。

b）缠绕材料应为铝单丝，缠绕应紧密，回头应绞紧，处理平整，其中心应位于损伤最严重处，并应将受伤部分全部覆盖，其长度不得小于 100mm。

（c）采用补修预绞丝处理时应符合以下规定：

a）将受伤处线股处理平整；

b）补修预绞丝长度不得小于 3 个节距；

c）补修预绞丝应与导线接触紧密，其中心应位于损伤最严重处，并应将损伤部位全部覆盖。

（d）采用补修管补修时应符合下列规定：

a）将损伤处的线股先恢复原绞制状态。线股处理平整。

b）补修管的中心应位于损伤最严重处，需补修的范围应位于管内距离两端管口各不小于 20mm。

c) 补修管可采用钳压、液压或爆压，其操作必须符合规程中有关压接的要求。

注：导线总拉断力是指计算拉断力。

3) 导线在同一处损伤出现下述情况之一时，必须将损伤部分全部割去，重新以接续管连接。

（a）导线损失的强度或损伤的截面积超过第2）条采用补修管补修的规定时；

（b）连续损伤的截面积或损失的强度都没有超过第2）条以补修管补修的规定，但其损伤长度已超过补修管的能补修范围；

（c）复合材料的导线钢芯有断股；

（d）金钩、破股已使钢芯或内层铝股形成无法修复的永久变形。

4) 作为架空地线的镀锌钢绞线，其损伤应按表6-5的规定予以处理。

表6-5　　　　　　　　镀锌钢绞线损伤处理规定

绞线股数	处理方法		
	以镀锌铁线缠绕	以补修管补修	锯断重接
7		断1股	断2股
19	断1股	断2股	断3股

（2）张力放线。张力放线、紧线及附件安装时，应防止导线损伤，在容易产生损伤处应采取有效的防止措施。导线损伤的处理应符合下列规定。

1) 外层导线线股有轻微擦伤，其擦伤深度不超过单股直径的1/4，且，截面积损伤不超过导电部分截面积的2%时，可不补修。用不粗于0号细砂纸磨光表面棱刺。

2) 当导线损伤已超过轻微损伤，但在同一处损伤的强度损失尚不超过总拉断力的8.5%，且损伤截面积不超过导电部分截面积的12.5%时为中度损伤。中度损伤应采用补修管进行补修，补修时应符合非张力放线第2）条第4款的规定。

3) 有下列情况之一时定为严重损伤。

（a）强度损失超过保证计算拉断力的8.5%；

（b）截面积损伤超过导电部分截面积的12.5%；

（c）损伤的范围超过一个补修管允许补修的范围；

（d）钢芯有断股；

（e）金钩、破股已使钢芯或内层线股形成无法修复的永久变形。

达到严重损伤时，应将损伤部分全部锯掉，用接续管将导线重新连接。

3. 液压操作前准备工作

（1）设备检查。液压设备应检查其完好程度，油压表要定期校核。应用精度为0.02mm游标卡尺测量。

（2）材料检查。检查导线、避雷线、液压接续管、耐张线夹规格，应与工程设计相同，并符合现行国家标准的规定。

（3）清洗。按压接一般要求清洗。钢芯铝绞线清洗长度应不短于穿管长的 1.5 倍。钢芯铝绞线清洗长度，对先套入铝管端不短于铝管套入部位，对另一端应不短于半管长的 1.5 倍。对已运行过旧导线应先用钢丝刷将表面灰黑色物质全部刷去，然后涂电力脂再用钢丝刷擦刷。补修管补修导线前，其覆盖部分导线表面用干净棉纱将泥土脏物擦干净即可，如有断股，应在断股两侧涂刷少量电力脂。

（4）穿管和画印。穿管时一定要顺线股的绞制方向旋入，恢复到原绞制状态。这样不仅可减少压后管外的线股出现鼓包，而且可以保证握着力。所画的定位印记，施压前一定要检查。

1）镀锌钢绞线穿管时，用钢尺测量接续管的实长 l_1；用钢尺在镀锌钢绞线端头向内量 $OA=1/2l_1$ 处划一印记 A，穿管后两线上 A 印记和管口重合。

2）镀锌钢绞线耐张线夹穿管时，将钢绞线端口顺绞制方向旋转穿入管口，直到线端头露出 5mm 为止。

3）钢芯铝绞线钢芯对接式接续管的穿管如图 6-4 所示。自钢芯铝绞线端头 O 向内量 $1/2l_1+\Delta l_1+20$mm 处以绑线 P 扎牢（可取 $\Delta l_1=10$mm）；自 O 点向内量 $ON=1/2l_1+\Delta l_1$ 处划一割铝股印记 N；松开原钢芯铝绞线端头的绑线，为了防止铝股剥开后钢芯散股，故松开绑线后先在端头打开一段铝股，将露出钢芯端头以绑线扎牢，然后用切割器切割铝股，切割内层铝股时，只割到每股直径 3/4 处，然后将铝股逐股掰断。

先自钢芯铝绞线一端套入铝管；松开剥露钢芯上绑线，按原绞制方向旋转推入直到钢芯两端相抵，两预留 Δl_1 长度相等；钢管压接好后，找出钢管中点 O，向两端铝线上各量出铝管长之半处作印记 A；划印应在已涂好电力脂，擦刷氧化膜后进行；最后将铝管顺铝绞线绞制方向推入，直到两端管口与铝线上定位印记重合。

4）钢芯铝绞线钢芯搭接式接续管的穿管如图 6-5 所示。其方法步骤和钢芯铝绞线钢芯对接式接续管相似，但铝股割线长度 $ON=l_1+10$mm，它剥铝股时不必将钢芯端头扎牢，钢芯穿钢管时要呈散股扁圆形相对搭接穿入，直到两端钢芯在钢管对面各露 3～5mm 为止。

5）钢芯铝绞线与相应的耐张线夹的穿管如图 6-6 所示。剥铝股割线长度 $ON=l_l+\Delta l+5$mm；套好铝管后，将剥露的钢芯自钢锚回旋转推入，直到钢锚底口露出 5mm 钢芯；钢锚压好后，自铝线端口 N 处，向内量 $NA=L_y+f$（L_y 为铝线液压长度），在 A 处划一定位印记；划好印记清除氧化膜后将铝管顺铝股绞制方向旋转推入钢锚侧，直到 A 印记和铝管管口重合为止。

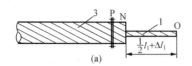

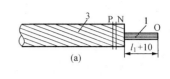

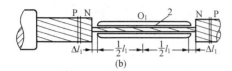

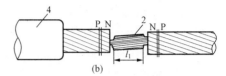

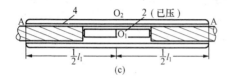

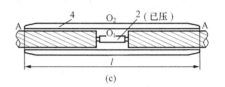

图 6-4　钢芯铝绞线钢芯对接式穿管

（a）切割尺寸；（b）钢管尺寸；（c）铝管尺寸

1—钢芯；2—钢管；3—铝线；4—铝管

图 6-5　钢芯铝绞线钢芯搭接式穿管

（a）切割尺寸；（b）钢管尺寸；（c）铝管尺寸

1—钢芯；2—钢管；3—铝线；4—铝管

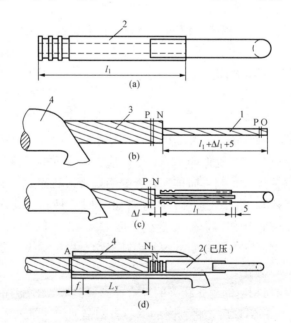

图 6-6　钢芯铝绞线耐张线夹穿管

（a）钢锚；（b）钢芯露出尺寸；（c）压接钢锚；（d）铝管套入位置

1—钢芯；2—钢锚；3—铝线；4—铝管

6）钢芯铝绞线与耐张线夹的穿管如图6-7所示。它和前面不同之处为：铝股割线长度不露出钢芯，故为 $ON = l_2 + \Delta l$；钢锚压好后，距最后凹槽20mm记A；自A向铝线测量铝管全长 l 划一印记C；将铝管顺铝股绞制方向推向钢锚侧，直到和印记A重合，另一侧管口和C相平；如采用图6-7（e）所示铝管时，钢锚压好后，在铝管上自管口量 $L_y + f$ 在管上划好压印记N，同时涂电力脂及清除氧化膜后在铝线上划定位印记C，将铝管顺铝股绞制方向旋转推向钢锚侧，直到铝管口露出定位印记C为止。

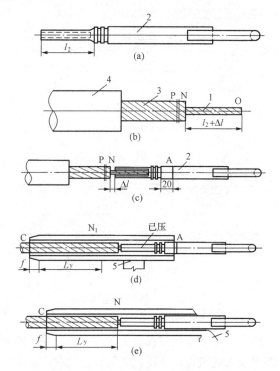

图6-7 钢芯铝绞线耐张线夹穿管
（a）钢锚；（b）钢芯露出尺寸；（c）压接钢锚；（d）铝管套入位置；（e）铝管套入位置
1—钢芯；2—钢锚；3—铝线；4—铝管；5—引流板

4. 液压操作

液压压接操作中直线接续管压接方向只能由中间向管口施压，耐张线夹从固定端向管口施压。施压时不能以合模为准，要每模达到规定压力，且压力应保持一段时间。施压时液压机应放平，压接管放入钢模后，两端线也要端平，以防压后管子弯曲。第一模压好后应用游标卡尺检查压后边距尺寸，符合标准后再继续压接，两模间至少重叠5mm。管子压完后如有飞边，应锉掉飞边，铝管锉成圆弧状，500kV线路上压接管，除锉掉飞边外还应用砂纸磨光，飞边过大而使边距尺寸超过规定时，应将飞边锉去后重新施压。钢管压后，锌皮脱落者，不论是否裸露于外，皆涂以富锌漆以防生锈。

钢芯铝绞线对接式钢管液压，第一模压模中心与钢管中心重合，然后分别向管口端都依次施压，如图 6-8 所示。对钢芯铝绞线对接式铝管，内有钢管部分的铝管不压。自铝管上印有 N 印记起压，如铝管上无起压印记 N 时，在钢管压后测其铝线两端头距离，在铝管上先划好起压印记 N，如图 6-9 所示。

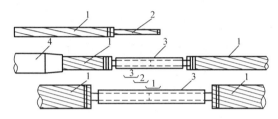

图 6-8　接续管钢管施压顺序

1—钢芯铝绞线；2—钢芯；3—钢管；4—铝管

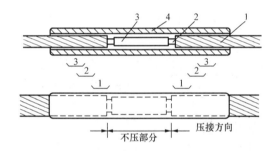

图 6-9　接续铝管施压顺序

1—钢芯铝绞线；2—钢芯；3—钢管；4—铝管

钢芯铝绞线耐张线夹液压钢锚压接操作见图 6-10，原则仍为钢锚依次向管口端施压。铝管上应自铝线端头处向管口施压，然后再返回在钢锚凹槽处施压，如铝管上没有起压印记 N 时，应在铝管上划好起压印记，耐张铝管的压接如图 6-11 所示。

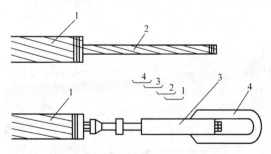

图 6-10　耐张钢锚施压顺序

1—钢芯铝绞线；2—钢芯；3—钢锚；4—拉环

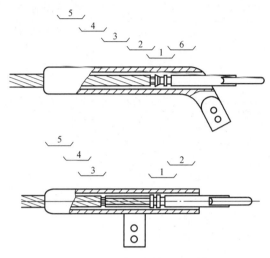

图 6-11 耐张铝管施压顺序

对清除钢芯上防腐剂的钢管，压后应将管口及裸露于铝线外的钢芯上都涂以富锌漆，以防生锈。

5. 液压质量检查

各种液压管压后对边距尺寸 S 的最大允许值为

$$S = 0.866 \times (0.993D) + 0.2\text{mm}$$

式中 D——管外径，mm。

但三个对边距只允许有一个达到最大值，超过此规定时应更换钢模重压。

二、注意事项

(1) 压接工器具、接续金具质量检查应符合现行规范要求。

(2) 清洗要彻底；穿管时要注意线头上下位置。

(3) 第一模压后要检查压接质量，若存在问题应找出原因并消除后继续施压。

(4) 操作过程中要注意安全，现场严防用火。

技能训练

一、训练任务

根据指导老师要求，进行导线钳压、液压连接操作。

二、训练准备

按照训练小组，每组配备压接钳、压接模具、个人工具、量具、钢丝刷一套，汽油、棉纱、电力脂等若干。

三、工艺要求及评分标准

钳压法接续裸体钢芯铝绞线工艺要求及评分标准见表 6-6。

表 6 - 6   **钳压法接续裸体钢芯铝绞线工艺要求及评分标准**

项目名称	钳压法接续裸体钢芯铝绞线	
考核时间	40min	
说明要求	(1) 一名考生操作; (2) 指定辅助人员一名; (3) 本表格工器具、材料、场地均按一名考生需要编制	
工具设备	(1) 钢锯条; (2) 手锯; (3) 记号笔; (4) 压钳; (5) 压模; (6) 钢丝刷; (7) 断线器; (8) 手钳; (9) 钢板锉; (10) 游标卡尺; (11) 钢卷尺; (12) 脸盆; (13) 汽油桶; (14) 常用电工工具一套	
材料	(1) 棉纱; (2) 18 号铁丝; (3) 8 号铁丝; (4) 导线; (5) 接续管; (6) 电力脂; (7) 汽油; (8) 手套; (9) 记录表; (10) 记录笔	
场地	4m×4m 平整场地	
序号	操作步骤	评分细则
一	安全文明	
	着装要求:穿工作服,戴安全帽,穿工作鞋	未按要求着装,缺一项扣 N 分;不规范扣 N 分
二	工作前准备	

续表

序号	操作步骤	评分细则
1	（1）材料准备：正确选用材料； （2）工具准备：正确选用工器具，所使用的工器具必须具备有效期内的"检验合格证"标志，规格数量满足工作要求	（1）每缺少一项扣 N 分； （2）规格不符合要求，每件扣 N 分； （3）数量每缺少一件扣 N 分
2	材料、工器具检查	（1）导线：在被连接部位 15m 范围内不存在必须补修的损伤； （2）金具：规格型号与被连接导线相适应，且尺寸误差及缺陷在规程允许范围内； （3）所使用的工器具操作灵活顺畅无卡涩。 每漏检一项扣 N 分
3	各选手就位，得到许可后方可开始操作	未经许可扣 N 分
三		操作过程
1	导线、接续管清洗、处理	（1）导线压接部分在穿管前，应将接续部分 2m 范围内的导线用手掰直，然后以汽油清除其表面油垢，清洗的长度应不短于铝管套入部位长度。 （2）对使用的各种接续管，应用汽油清洗管内壁的油垢，并清除影响穿管的锌疤与焊渣。短期不用时，清洗后应将管口临时封堵，并用塑料袋封装。 （3）清洗时，以棉纱蘸少量汽油（以手攥不出油滴为适度）。 （4）涂电力脂及清除绞线铝股表面氧化膜的范围为铝股进入铝管部分。 （5）用钢丝刷沿绞线轴线方向对已涂电力脂部分进行刷擦，将压后能与铝管接触的铝股表面全部刷到。 （6）对已运行过的旧导线，应先用钢丝刷将表面灰、黑色物质全部刷去，至显露出银白色铝为止。然后再按上述规定操作。 （7）清洗不洁净每处扣 N 分。 （8）未涂电力脂扣 N 分；电力脂未覆盖接触面每处扣 N 分。 （9）刷涂顺序错误扣 N 分

序号	操作步骤	评 分 细 则
2	画印	按照所接续导线规格画出压模位置、数目印记。 （1）模数错误扣 N 分； （2）印记尺寸错误扣 N 分； （3）压接管两侧印记相对位置偏差扣 N 分
3	穿管	导线在接续管内的位置放错扣 N 分
4	压模安装	压模型号、位置、方向错误每处扣 N 分
5	放入压钳	压钳放置平稳，操作过程中以取下模具、取出压接管为正确操作，否则每次扣 N 分
6	压接	（1）压接顺序：自接续管中间开始，两侧交替施压；一端压接完成后，再由中间两侧交替压另一端，直至按规定完成，第一模应压在接续管的中部。 （2）第一模压后应进行尺寸检查，压模压到位后保持 30s，压接完毕后，应在接续管两端出口处、合缝处及外露部分涂电力脂，导线端部的绑线应保留。压接顺序错误扣 N 分。 （3）压接方法正确，否则每处（次）扣 N 分
7	压后质量检查	用精度不低于 0.1mm 的游标卡尺测量压后尺寸，其允许偏差必须符合现行国家标准规定。 （1）飞边、毛刺及表面未超过允许的损伤，应锉平并用 0 号砂纸磨光； （2）弯曲度不得大于 2%，有明显弯曲时应校直；接续管弯曲处理，未处理及处理不当扣 N 分；超差扣 N 分； （3）校直后的连接管如有裂纹，扣 N 分； （4）钳压管压口数及压后尺寸的数值必须符合规定。压后尺寸允许偏差应为：钢芯铝绞线钳接管为 ±0.5mm；尺寸超差每处扣 N 分； （5）钳压后导线端头露出长度，不应小于 20mm，导线端头绑线应保留；否则扣 N 分； （6）毛刺清理，未作清理扣 N 分； （7）压接后接续管两端附近的导线不应有灯笼、抽筋等现象，否则扣 N 分
四	工作终结	（1）现场清理，存在遗留物，每件（个）扣 N 分； （2）汇报工作完毕，交还工器具

钳压法接续裸体铝绞线工艺要求及评分标准见表6-7。

表6-7　　　　　　　　**钳压法接续裸体铝绞线工艺要求及评分标准**

项目名称	钳压法接续裸体铝绞线
考核时间	40min
说明要求	(1) 一名考生操作； (2) 指定辅助人员一名； (3) 本表格工器具、材料、场地均按一名考生需要编制
工具设备	(1) 钢锯条； (2) 手锯； (3) 记号笔； (4) 压钳； (5) 压模； (6) 钢丝刷； (7) 断线器； (8) 手钳； (9) 钢板锉； (10) 游标卡尺； (11) 钢卷尺； (12) 脸盆； (13) 汽油桶； (14) 常用电工工具一套
材料	(1) 棉纱； (2) 18号铁丝； (3) 8号铁丝； (4) 导线； (5) 接续管； (6) 电力脂； (7) 汽油； (8) 手套； (9) 记录表； (10) 记录笔
场地	4m×4m平整场地

序号	操作步骤	评分细则
一		安全文明

序号	操作步骤	评分细则
	着装要求：穿工作服，戴安全帽，穿工作鞋	未按要求着装，缺一项扣 N 分；不规范扣 N 分
二		工作前准备
1	（1）材料准备：正确选用材料； （2）工具准备：正确选用工器具，所使用的工器具必须具备有效期内的"检验合格证"标志，规格数量满足工作要求	（1）每缺少一项扣 N 分； （2）规格不符合要求，每件扣 N 分； （3）数量每缺少一件扣 N 分
2	材料、工器具检查	（1）导线：在被连接部位 15m 范围内不存在必须补修的损伤； （2）金具：规格型号与被连接导线相适应，且尺寸误差及缺陷在规程允许范围内； （3）所使用的工器具操作灵活顺畅无卡涩。 每漏检一项扣 N 分
3	各选手就位，得到许可后方可开始操作	未经许可扣 N 分
三		操作过程
1	导线、接续管清洗、处理	（1）导线压接部分在穿管前，应将接续部分 2m 范围内的导线用手捋直，然后以汽油清除其表面油垢，清洗的长度应不短于铝管套入部位长度。 （2）对使用的各种接续管，应用汽油清洗管内壁的油垢，并清除影响穿管的锈疤与焊渣。短期不用时，清洗后应将管口临时封堵，并用塑料袋封装。 （3）清洗时，以棉纱蘸少量汽油（以手攥不出油滴为适度）。 （4）涂电力脂及清除绞线铝股表面氧化膜的范围为铝股进入铝管部分。 （5）用钢丝刷沿绞线轴线方向对已涂电力脂部分进行刷擦，将压后能与铝管接触的铝股表面全部刷到。 （6）对已运行过的旧导线，应先用钢丝刷将表面灰、黑色物质全部刷去，至显露出银白色铝为止。然后再按上述规定操作。 （7）清洗不洁净每处扣 N 分。 （8）未涂电力脂扣 N 分；电力脂未覆盖接触面每处扣 N 分。 （9）刷涂顺序错误扣 N 分

续表

序号	操作步骤	评 分 细 则
2	画印	按照所接续导线规格画出压模位置、数目印记。 (1) 模数错误扣 N 分; (2) 印记尺寸错误扣 N 分; (3) 压接管两侧印记相对位置偏差扣 N 分
3	穿管	导线在接续管内的位置放错扣 N 分
4	压模安装	压模型号、位置、方向错误每处扣 N 分
5	放入压钳	压钳放置平稳,操作过程中以取下模具、取出压接管为正确操作,否则每次扣 N 分
6	压接	(1) 压接顺序:自一端向另一端两侧交替进行,直至按规定完成,第一模应压在导线的端部。 (2) 第一模压后应进行尺寸检查,压模压到位后保持 30s,压接完毕后,应在接续管两端出口处、合缝处及外露部分涂电力脂,导线端部的绑线应保留。压接顺序错误扣 N 分。 (3) 压接方法正确,否则每处(次)扣 N 分
7	压后质量检查	用精度不低于 0.1mm 的游标卡尺测量压后尺寸,其允许偏差必须符合现行国家标准规定。 (1) 飞边、毛刺及表面未超过允许的损伤,应锉平并用 0 号砂纸磨光; (2) 弯曲度不得大于 2%,有明显弯曲时应校直;接续管弯曲处理,未处理及处理不当扣 N 分;超差扣 N 分; (3) 校直后的连接管如有裂纹,扣 N 分; (4) 钳管压口数及压后尺寸的数值必须符合规定。压后尺寸允许偏差应为:铝绞线钳接管为 ±1.0mm;尺寸超差每处扣 N 分; (5) 钳压后导线端头露出长度,不应小于 20mm,导线端头绑线应保留;否则扣 N 分; (6) 毛刺清理,未作清理扣 N 分; (7) 压接后接续管两端附近的导线不应有灯笼、抽筋等现象,否则扣 N 分
四	工作终结	(1) 现场清理,存在遗留物,每件(个)扣 N 分; (2) 汇报工作完毕,交还工器具

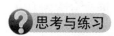 思考与练习

架空线连接前后应做哪些检查?

任务三　导　线　绑　扎

学习目标

1. 知道导线绑扎一般要求及其质量标准。

2. 能够熟练地进行导线在针式绝缘子顶槽、颈槽、蝶式绝缘子的绑扎固定，达到规程要求的质量标准。

任务描述

对于 10kV 及以下架空电力线路，针式绝缘子和蝶式绝缘子的应用十分广泛。导线与绝缘子的固定方式多采用绑扎形式，其绑扎的合理性、牢固程度和工艺质量直接影响到线路的安全运行与带电作业的便利性以及美观程度。这里，我们共同学习导线与针式绝缘子和蝶式绝缘子的绑扎固定方法、工艺要求。

学习内容

一、导线在针式绝缘子顶槽的绑扎固定

（1）工具、材料准备。个人工具、钢卷尺一套；绑扎线（直径不小于 2mm）、一根铝包带盘成两个圆滑的小盘。

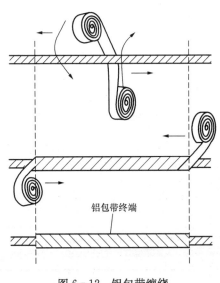

图 6 - 12　铝包带缠绕

（2）缠绕铝包带。自导线与绝缘子接触中心处起头，分别顺导线外层铝股绞制方向向两端缠绕，至规定长度后（GB 50173—1992《电气装置安装工程 35kV 及以下架空电力线路施工及验收规范》中规定："裸铝导线在绝缘子或线夹上固定应缠绕铝包带，缠绕长度应超出接触部分 30mm。"因绑扎线仍起固定作用，笔者认为 30mm 应为超出最外圈绑线数值），再向接触中心方向缠绕，至接触中心处终止，剪去剩余铝包带，将铝包带端头压平，如图 6 - 12 所示。

（3）用位于导线下方的绑扎线短头在绝缘子右侧的导线上绕 3 圈，其方向是从导线外侧，经导线上方绕向导线内侧，如图 6 - 13（a）所示。

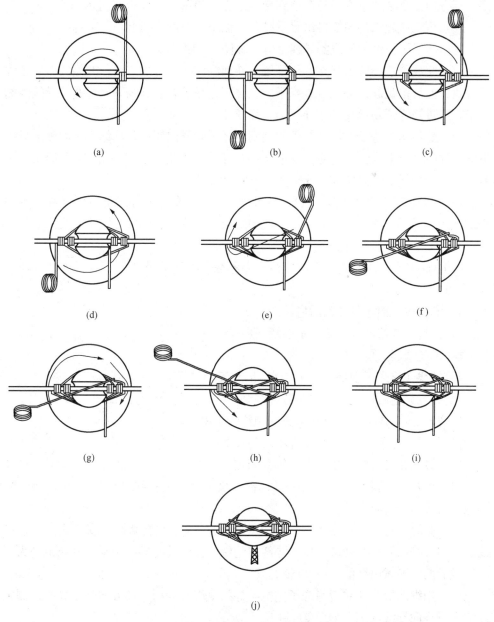

图 6-13 针式绝缘子顶槽绑扎

（4）用盘起的绑扎线在绝缘子脖颈外侧绕到绝缘子的左侧的导线上绑 3 圈；其方向是从导线下方经外侧绕向上方，如图 6-13（b）所示。

（5）用盘起来的绑线在绝缘子脖颈内侧绕到绝缘子右侧的导线上，并再绑 3

圈，其方向是由导线下方经外侧绕到导线上方，如图 6-13（c）所示。

（6）再把盘起来的绑线自绝缘子脖颈外侧绕到左侧导线上，并再绑扎 3 圈，其方向是由导线下方经外侧绕到导线上方，如图 6-13（d）所示。

（7）完成上述步骤后，在两侧导线上共缠绕四次，每次三圈，左侧和右侧各缠了 6 道，然后把盘起的绑线自绝缘子内侧绕到绝缘子右侧导线下面，并从导线外侧上来，经过绝缘子顶部交叉在导线上，如图 6-13（e）、（f）所示。

（8）然后从绝缘子左侧导线外侧绕到绝缘子脖颈内侧，并从绝缘子右侧的导线下侧经导线内侧上来，经绝缘子顶部交叉在导线上，此时已有一个"X"形压在绝缘子上面的导线上，如图 6-13（g）、（h）所示。

（9）绑成"X"形以后，把盘起的绑线从绝缘子左侧的导线下方经绝缘子脖颈外侧绕到绝缘子右侧导线下方，与绑线的短头在绝缘子内侧中心交叉，交叉后拧一小辫，拧 2~3 个劲，如图 6-13（i）、（j）所示。

（10）将其余的绑线剪断并将小辫顺着绝缘子脖颈压平。

（11）工艺要求。

1）绑扎线、铝包带盘圆后应圆滑；

2）铝包带应按图 6-12 所示缠绕两层；

3）绑扎线起头位置应靠近绝缘子；

4）绑线在绝缘子顶部有一个"X"形交叉；

5）缠绕完毕后，绝缘子两侧应各缠绕 6 圈，铝包带两端各露出 20~30mm；

6）收尾时，线头应从导线下方回到绝缘子中间；

7）收尾应拧 2~3 个劲，劲大小均匀，剪断压平。

二、导线在针式绝缘子颈槽的绑扎固定

（1）工具、材料准备。个人工具、钢卷尺一套；绑扎线（直径不小于 2mm）、铝包带盘成圆滑的小盘。

（2）缠绕铝包带。自导线与绝缘子接触处起头，"左右来回"顺导线外层铝股绞制方向缠绕两层，并使端头位于导线与绝缘子接触处与导线缠紧。缠绕范围为绑扎完成后两端各露出绑线 20~30mm。

（3）用绑线短头在靠近绝缘子左侧的导线上绑扎 3 圈，其方向是至导线外侧经导线上方绕向导线内侧，如图 6-14（a）所示。

（4）用盘起来的绑线自绝缘子脖颈内侧绕过，绕到绝缘子右侧导线上方，（即准备在外侧的导线上交叉成一个十字），并自绝缘子左侧导线的外侧经导线下方绕到绝缘子脖颈内侧，如图 6-14（b）所示。继续将绑线自绝缘子颈槽内侧向右，经绝缘子右侧导线下方导线外侧绕到绝缘子左侧颈槽内导线上方，交叉在导线上，

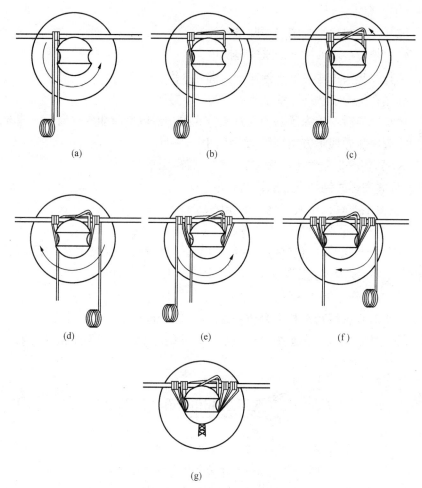

图 6-14 导线在针式绝缘子颈槽的绑扎固定

并自绝缘子左侧导线上方绕到绝缘子脖颈内侧，此时导线外侧已有一个"X"形，如图 6-14（c）所示。

（5）用盘起来的绑线绕到右侧导线上，并缠绕三圈，方向是至导线上方绕到导线外侧，再到导线下方，如图 6-14（d）所示。

（6）用盘起的绑线，从绝缘子脖颈内侧绕回到绝缘子左侧导线上，并绑 3 圈，方向是从导线下方经过外侧绕到导线上方，如图 6-14（e）所示。

（7）用盘起的绑线，从绝缘子脖颈内侧绕回到绝缘子右侧导线上，并绑 3 圈，方向是从导线上方经过外侧绕到导线下方，如图 6-14（f）所示。

（8）然后再经过绝缘子脖颈内侧回到绝缘子颈槽内侧中间，与绑线短头拧一小辫，2~3 个劲后，剪断，顺脖颈压平，如图 6-14（g）所示。

（9）工艺要求。

1）绑扎线、铝包带盘圆后应圆滑；

2）铝包带应按图 6－12 所示缠绕两层；

3）绑扎线起头位置应靠近绝缘子，绑扎 3 圈；

4）绑线在绝缘子侧面导线上有一"X"形交叉；

5）缠绕完毕后，绝缘子两侧应各缠绕 6 圈，铝包带两端各露出 20～30mm；

6）线头应从导线下方回到绝缘子中间；

7）收尾应 2～3 个劲后，劲大小均匀，剪断压平。

三、导线在蝶式绝缘子上的绑扎固定

（1）主要工器具：个人工具、钢卷尺等。

（2）主要材料：铝包带、绑扎线。

（3）铝包带缠绕：铝包带应从导线与绝缘子接触部位缠起，紧密顺导线绞向向两侧缠绕，其长度为绑扎完毕后，两端应露出扎线 20～30mm。

（4）绑扎操作。导线在蝶式绝缘子上的绑扎固定如图 6－15 所示。

1）起头时，绑线短头长度合适，为 200～250mm。

2）绑扎开始位置应在距绝缘子中心 3 倍的绝缘子直径（不是裙径）处。

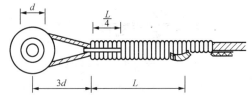

图 6－15　导线在蝶式绝缘子上的绑扎固定

3）把绑线短头夹在导线与折回导线之间，然后将绑线在两导线上绑扎四分之一长度后将短头压倒，继续用绑线绑扎，达到规定长度后，将短头翘起，用绑线在导线上绑扎 5～8 圈后，与短头拧 2～3 个劲，做小辫。将剩余绑线剪掉，把小辫顺导线压平。

（5）工艺要求。铝包带、绑扎线应盘成光滑的圆盘，绑扎线直径不小于 2.0mm。

铝包带缠绕：铝包带应从导线与绝缘子接触部位缠起，顺导线绞向向两侧缠 1～2 层，其长度为绑扎完毕后，两端应露出扎线 20～30mm。

绑线应缠绕紧密、光滑。

绑扎长度：标称铝截面面积 50mm^2 及以下导线，绑扎长度不小于 150mm；70mm^2 及以上导线，绑扎长度不小于 200mm。

四、注意事项

（1）训练时可在距离地面1.2m左右根身上安装横担、绝缘子，以便于训练。

（2）按高空作业要求训练。

技能训练

一、训练任务

（1）导线在针式绝缘子顶槽的绑扎固定。

（2）导线在针式绝缘子颈槽的绑扎固定。

（3）导线在蝶式绝缘子上的绑扎固定。

二、训练准备

距离地面1.2m左右根身上安装横担、绝缘子以便于训练。工位按小组人数，不要拥挤。每人配备针式绝缘子、蝶式绝缘子工位1处，LGJ-70/10导线1.5m左右、LJ-35导线1.5m左右各1根，铝包带、铝扎线若干，个人工具1套。

三、工艺要求及评分标准

针式绝缘子颈槽绑扎工艺要求及评分标准见表6-8。

表6-8　　　　　　　　　　针式绝缘子颈槽绑扎工艺要求及评分标准

项目名称	针式绝缘子颈槽绑扎
考核时间	20min
说明要求	（1）单十字绑扎； （2）地面操作； （3）绑线直径不小于2mm； （4）绑线长度由选手自行截取； （5）绑线长度不足，按未能完成扣分； （6）绑线长度裕度不得超过0.5m，超过0.5m后，每超过10cm扣2分（不足10cm按10cm计算）； （7）本表格工器具、材料、场地均按一名考生需要编制
工具设备	（1）常用电工工具1套； （2）钢卷尺1只
材料	（1）裸体导线（LGJ型或LJ型均可）； （2）绑线若干； （3）铝包带若干
场地	（1）在电杆（或铁塔）上距离地面1.2～1.5m高度，安装横担； （2）在横担上安装针式绝缘子

续表

序号	操作步骤	评 分 细 则
一	安全文明	
	着装要求：穿工作服，戴安全帽，穿工作鞋	未按要求着装，缺一项扣 N 分；不规范扣 N 分
二	工作前准备	
	(1) 绑线准备； (2) 铝包带准备； (3) 工具准备	(1) 每缺少一项扣 N 分； (2) 规格不符合要求，每件扣 N 分； (3) 数量每缺少一件扣 N 分
三	操作过程	
1	各选手就位，得到许可后方可开始操作	未经许可扣 N 分
2	铝包带缠绕	(1) 方向沿着导线最外层股线绞制方向，否则扣 N 分； (2) 长度超出绑线缠绕长度 30～40mm，一处不符合要求扣 N 分； (3) 自导线与绝缘子接触部位开始，左右来回缠绕两层，否则扣 N 分； (4) 缠绕紧密平整，松散、叠层每处扣 N 分
3	绑扎操作	(1) 用绑线短头在靠近绝缘子左侧的导线上绑扎 3 圈，其方向是至导线外侧经导线上方绕向导线内侧，否则扣 N 分； (2) 用盘起来的绑线自绝缘子脖颈内侧绕过，绕到绝缘子右侧导线上方（即准备在外侧的导线上交叉成一个十字），并自绝缘子左侧导线的外侧经导线下方绕到绝缘子脖颈内侧，继续将绑线绝缘子颈槽内侧向右，到绝缘子右侧导线下方经导线外侧绕到绝缘子左侧颈槽内导线上方，交叉在导线上，并自绝缘子左侧导线上方绕到绝缘子脖颈内侧，此时导线外侧已有一个"X"形，否则扣 N 分； (3) 用盘起来的绑线绕到右侧导线上，并缠绕三圈，方向是至导线上方绕到导线外侧，再到导线下方，否则扣 N 分； (4) 用盘起的绑线，从绝缘子脖颈内侧绕回到绝缘子左侧导线上，并绑 3 圈，方向是从导线下方经过外侧绕到导线上方，否则扣 N 分； (5) 用盘起的绑线，从绝缘子脖颈内侧绕回到绝缘子右侧导线上，并绑 3 圈，方向是从导线上方经过外侧绕到导线下方，否则扣 N 分

序号	操作步骤	评分细则
3	绑扎操作	（6）然后再经过绝缘子脖颈内侧回到绝缘子颈槽内侧中间，与绑线短头拧一小辫，2～3 个劲后，剪断，顺脖颈压平，否则扣 N 分； （7）线头应从导线下方回到绝缘子中间，否则扣 N 分； （8）收尾应 2～3 个劲后，劲大小均匀，剪断压平，否则扣 N 分
四	工作终结	（1）现场清理，存在遗留物，每件（个）扣 N 分； （2）汇报工作完毕，交还工器具

针式绝缘子顶槽绑扎工艺要求及评分标准见表 6-9。

表 6-9　　　　　　　针式绝缘子顶槽绑扎工艺要求及评分标准

项目名称	针式绝缘子顶槽绑扎
考核时间	20min
说明要求	（1）单十字绑扎； （2）地面操作； （3）绑线直径不小于 2mm； （4）绑线长度由选手自行截取； （5）绑线长度不足，按未能完成扣分； （6）绑线长度裕度不得超过 0.5m，超过 0.5m 后，每超过 10cm 扣 2 分（不足 10cm 按 10cm 计算）； （7）本表格工器具、材料、场地均按一名考生需要编制
工具设备	（1）常用电工工具 1 套； （2）钢卷尺 1 只
材料	（1）裸体导线（LGJ 型或 LJ 型均可）； （2）绑线若干； （3）铝包带若干
场地	（1）在电杆（或铁塔）上距离地面 1.2～1.5m 高度，安装横担； （2）在横担上安装针式绝缘子

序号	操作步骤	评分细则
一		安全文明
	着装要求：穿工作服，戴安全帽，穿工作鞋	未按要求着装，缺一项扣 N 分；不规范扣 N 分
二		工作前准备

续表

序号	操作步骤	评 分 细 则
	（1）绑线准备； （2）铝包带准备； （3）工具准备	（1）每缺少一项扣 N 分； （2）规格不符合要求，每件扣 N 分； （3）数量每缺少一件扣 N 分
三		操作过程
1	各选手就位，得到许可后方可开始操作	未经许可扣 N 分
2	铝包带缠绕	（1）方向沿着导线最外层股线绞制方向，否则扣 N 分； （2）长度超出绑线缠绕长度 30～40mm，一处不符合要求扣 N 分； （3）自导线与绝缘子接触部位开始，左右来回缠绕两层，否则扣 N 分； （4）缠绕紧密平整，松散、叠层每处扣 N 分
3	绑扎操作	（1）用位于导线下方的绑扎线短头在绝缘子右侧的导线上绕 3 圈，其方向是从导线外侧，经导线上方绕向导线内侧，否则扣 N 分； （2）用盘起的绑扎线在绝缘子脖颈外侧绕到绝缘子的左侧的导线上绑 3 圈；其方向是从导线下方经外侧绕向上方，否则扣 N 分； （3）用盘起来的绑线在绝缘子脖颈内侧绕到绝缘子右侧的导线上，并再绑 3 圈，其方向是由导线下方经外侧绕到导线上方，否则扣 N 分； （4）再把盘起来的绑线自绝缘子脖颈外侧绕到左侧导线上，并再绑扎 3 圈，其方向是由导线下方经外侧绕到导线上方，否则扣 N 分； （5）完成上述步骤后，在两侧导线上共缠绕四次，每次三圈，左侧和右侧各缠了 6 道，然后把盘起的绑线自绝缘子内侧绕到绝缘子右侧导线下面，并从导线外侧上来，经过绝缘子顶部交叉在导线上，否则扣 N 分； （6）然后从绝缘子左侧导线外侧绕到绝缘子脖颈内侧，并从绝缘子右侧的导线下侧经导线内侧上来，经绝缘子顶部交叉在导线上，此时已有一个"X"形压在绝缘子上面的导线上；否则扣 N 分；

续表

序号	操作步骤	评 分 细 则
3	绑扎操作	（7）绑成"X"形以后，把盘起的绑线从绝缘子右侧的导线下方经绝缘子脖颈外侧绕到绝缘子右侧导线下方，与绑线的短头在绝缘于内侧中心交叉，交叉后拧一小辫，拧 2～3 个劲，否则扣 N 分； （8）将其余的绑线剪断并将小辫顺着绝缘子脖颈压平，否则扣 N 分； （9）收尾应拧 2～3 个劲，劲大小均匀，剪断压平，否则扣 N 分
四	工作终结	（1）现场清理，存在遗留物，每件（个）扣 N 分； （2）汇报工作完毕，交还工器具

蝶式绝缘子绑扎工艺要求及评分标准见表 6-10。

表 6-10　　　　　　蝶式绝缘子绑扎工艺要求及评分标准

项目名称	蝶式绝缘子绑扎
考核时间	20min
说明要求	（1）地面操作； （2）绑线直径不小于 2mm； （3）绑线长度由选手自行截取； （4）绑线长度不足，按未能完成扣分； （5）绑线长度裕度不得超过 0.5m，超过 0.5m 后，每超过 10cm 扣 2 分（不足 10cm 按 10cm 计算）； （6）本表格工器具、材料、场地均按一名考生需要编制
工具设备	（1）常用电工工具 1 套； （2）钢卷尺 1 只
材料	（1）裸体导线（LGJ 型或 LJ 型均可）； （2）绑线若干； （3）铝包带若干

续表

项目名称	蝶式绝缘子绑扎
场地	(1) 在电杆（或铁塔）上距离地面 1.2～1.5m 高度，安装横担； (2) 在横担上安装蝶式绝缘子

序号	操作步骤	评分细则
一		安全文明
	着装要求：穿工作服，戴安全帽，穿工作鞋	未按要求着装，缺一项扣 N 分；不规范扣 N 分
二		工作前准备
	(1) 绑线准备； (2) 铝包带准备； (3) 工具准备	(1) 每缺少一项扣 N 分； (2) 规格不符合要求，每件扣 N 分； (3) 数量每缺少一件扣 N 分
三		操作过程
1	各选手就位，得到许可后方可开始操作	未经许可扣 N 分
2	铝包带缠绕	(1) 方向沿着导线最外层股线绞制方向，否则扣 N 分； (2) 长度超出绑线缠绕长度 30～40mm，一处不符合要求扣 N 分； (3) 缠绕紧密平整，松散、叠层每处扣 N 分
3	绑扎操作	(1) 起头时，绑线短头长度合适，约 200～250mm。否则扣 N 分。 (2) 绑扎开始位置应在距绝缘子中心 3 倍的绝缘子直径（不是裙径）处。否则扣 N 分。 (3) 把绑线短头夹在导线与折回导线之间，然后将绑线在两导线上绑扎四分之一长度后将短头压倒，继续用绑线绑扎。否则扣 N 分。 (4) 达到规定长度后，将短头翘起，用绑线在导线上绑扎 5～8 圈后，与短头拧 2～3 个劲，做小辫。否则扣 N 分。 (5) 将剩余绑线剪掉，把小辫顺导线压平。否则扣 N 分。 (6) 绑线应缠绕紧密、光滑。否则扣 N 分。 (7) 绑扎长度：50 及以下导线，绑扎长度不小于 150mm；70 及以上导线，绑扎长度不小于 200mm。否则扣 N 分
四	工作终结	(1) 现场清理，存在遗留物，每件（个）扣 N 分； (2) 汇报工作完毕，交还工器具

？思考与练习

1. 绝缘子的种类有哪些？
2. 绝缘子的作用是什么？
3. 导线在绝缘子上的绑扎方法有哪些？
4. 导线在蝶式绝缘子上的绑扎技术尺寸要求有哪些？
5. 不同截面的导线在蝶式绝缘子上的绑扎尺寸各是多少？

单元七

地锚敷设及拉线制作

　　输电线路施工中，固定牵引绞磨，固定牵引滑车、转向滑车、临时拉线、制动杆根等均要使用临时锚固工具，要求它承重可靠、施工方便、便于拔出、能重复使用。常用的锚固工具有地锚、桩锚、地钻、船锚及锚链。

　　在线路施工中，当我们已将电杆立完后，并且假设导线已安装完毕，终端杆、转角杆及分歧杆，由于受导线的直接拉力，使电杆有歪倒的趋势。此外，为防止电杆被强风刮倒及在土质松软地区，为了保证电杆的稳定性，需要对电杆采取加固措施，广泛使用拉线，其主要作用是用来平衡电杆所承受的不平衡拉力。

任务一　地　锚　敷　设

学习目标

1. 知道地锚的种类、受力及地锚敷设操作安全注意事项。

2. 能熟练进行地锚敷设工作。

任务描述

　　地锚是输配电线路野外施工最常用、最经济的锚固工具，称为桩或锚。桩和锚都是线路施工中承载拉力的起重工具，经常用于固定绞磨、定滑轮、杆塔临时拉线等。桩又称板桩、锚桩、拉桩等，根据不同的材料有木桩和铁桩（圆钢桩）及角铁桩（角钢板）之分。锚又称地锚，一般用短木制作临时地锚，也有用岩石、钢筋混凝土及钢管做地下横木；比较好的是用 3～5mm 钢板焊接制成的钢板地锚，重量轻、承载能力大、使用寿命长。使用时，将地锚埋入一定深度的地锚坑内，固定在地锚上的钢绞线或连接在地锚上钢丝绳套同地面成一定角度从马道引出，填土夯实。也有用圆钢制造的地钻作为锚桩的，使用方便，应用广泛。

学习内容

一、地锚的种类及布置型式

1. 深埋式地锚

地锚受力达到极限平衡状态时，在受力方向上，沿土壤抗拔角方向形成剪裂面。地锚的极限抗拔计算中，土壤是按匀质体考虑的，即认为设置地锚过程中的扰动土经过回填夯实后，其特性已恢复到和附近的未扰动土接近一致。实际在输配电线路施工中所用的深埋式地锚很难满足上述条件。因此将地锚的极限抗拔力除以安全系数后作为地锚的允许抗拔力。图 7-1 所示为圆木地锚的敷设型式。

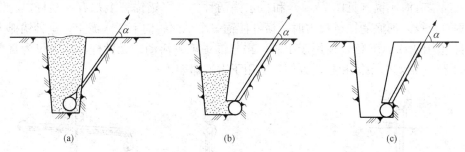

图 7-1　圆木地锚的敷设型式

(a) 普通回填式敷设；(b) 半嵌入半回填敷设；(c) 全嵌入不回填敷设

埋置钢板地锚时，外力作用线一定要垂直钢板平面，否则将使地锚挡板有效工作面积减少，而大大降低地锚容许拉力。

2. 桩锚

桩锚一般采用直径 40～60mm，长度 1～1.5m 的角钢、圆钢、钢管或圆木制成，以垂直或斜向（向受力反方向倾斜）打入土中，依靠土壤对桩体起嵌固和稳定作用，承受一定拉力。它承载力比地锚小，但设置简便、省力省时，所以在输配电线路，尤其是配电线路施工中得到广泛使用。为增加承载力，可采用单桩加埋横木或用多根桩加单根横木连接在一起，如图 7-2 所示。

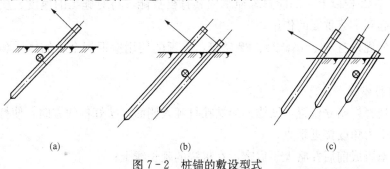

图 7-2　桩锚的敷设型式

(a) 单桩加横木；(b) 双联桩加单横木；(c) 三联桩加单横木

3. 钻式地锚

钻式地锚又称地钻，如图7-3所示。地钻是适用于软土地带锚固工具，其端部焊有螺旋形钢板叶片，旋转钻杆时叶片进入土壤一定深度，靠叶片以上倒锥体土块重力承受荷载。常用的地钻最大拉力有10kN和30kN两种。前者最大钻入深度1m，叶片直径250mm；后者最大钻入深度1.5m，叶片直径300mm。

4. 船锚与锚链

在河网地区架线常使用船只，船只需借助船锚及锚链固定在河底，保持船只平衡。

船锚有海军锚（见图7-4）和霍尔锚两种。海军锚锚杆上都有一横杆，与锚臂垂直，投入河底受锚链拉力时，横杆使锚一个爪回转向下插入泥土，这种锚抓力为自重力的12～15倍，适用于小船；霍尔锚锚爪可活动、无横杆，抓力仅为自重力的2～4倍，但抛锚和起锚方便，适用于大型船舶。

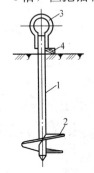

图7-3　地钻型式

1—钻杆；2—钻叶；3—拉环；4—横木

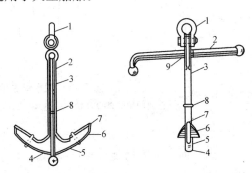

图7-4　海军锚

1—拉环；2—横杆；3—锚杆；4—锚冠；5—锚臂
6—锚爪；7—爪尖；8—重心环；9—固定销

二、桩锚的敷设

桩锚进入土内，是人用大锤不断敲打来完成的，在高杆塔的起立过程中，桩锚至少要超过12根以上，如能熟练地掌握其打桩技能，将对施工的速度、质量、安全等方面起到十分重要的作用。

大锤的规格有16、18、20、22磅等，大锤的使用应根据个人的体质和土质情况选用。

1. 打桩步骤

（1）选择好站立位置，扶锚人应站在打锤人侧面，扶好桩的方向，使打桩方向与锚桩的受力角度接近垂直；

（2）双脚成前后并略大于肩宽，在桩锚的延长线上；

（3）甩锤前，先将锤轻打桩锚，以适应打锤位置和间距；

（4）双臂拉直，脚跟站稳，抡锤幅度要大，即做到稳、准、狠；

（5）大锤落点的瞬间，对高桩应抬高手腕，低桩应弯曲手腕，身体随锤的下落而蹲下。

2．打桩方法

大锤的使用方法有抱打、抡打、横打三种。

（1）抱打。在抱打时，先站好姿势，拿好锤后再进行，站的姿势是：面要向着工作物，成直线而两脚对着工作物，然后两脚向右移动约有一肩宽的距离，使右脚对于左脚约成直角，再顺着直线适当地迈一步。拿锤后举到右肩上，双臂用力，对准桩锚，当打在桩锚的瞬间，应撤掉部分腕力，此时锤头在桩锚上产生瞬间的锤击反弹力，若能机敏地掌握这个时机，锤很容易举起，这样循环抱打，工作效率高，又省力。

（2）抡打。在工作中需要用大锤猛力击打工作物时，应使用抡打。抡打的姿式是：左足在前，右足在后，互成90°左右，但左足尖向着工作物成直线，右足跟在左足和工作物的连线上，适当站好，把锤从下方方向背后上方开始抡锤，锤依着惯力抡过右肩上，当锤头刚要落下时，必须集中全身的力量，用右手猛烈地向下打，同时右手抽到锤柄端，锤头瞬间停止，呼吸后再打下，就与抱打取得同样效果。当锤打在工作物上的瞬间借助锤击的反弹力举起大锤会省力些。

（3）横打。在工作中因工作物所在地点的限制，需要采取横打的方法。在横打时，锤面一定要与工作物平直接触，所以要有半回转的动作姿势，因在施工现场中，很少遇到这种情况，操作方法故略之。

三、注意事项

（1）打锤前应检查锤、把连接是否牢固，木柄是否有断裂、腐烂等痕迹；

（2）扶桩人应站在打锤人侧面，当桩锚稳固后，方可撤离，不用扶桩；

（3）打锤人应注意周围，并随时顾及是否有人；

（4）打锤人不得戴手套；

（5）当打锤人体力不支时，不要勉强，应更换人，以防打空伤人。

技能训练

一、训练任务

根据指导老师的要求进行地锚敷设。

二、训练准备

按训练小组，每组配备圆木地锚、角钢桩锚、钢板地锚各一组，16磅大锤、十字镐、夯等各一把，铁锹两把。

三、工艺要求及评分标准

工艺要求及评分标准见表7-1。

表7-1　　　　　　　　　　　工艺要求及评分标准

序号	工艺要求	评分标准	配分	扣分	得分
1	工器具检查	存在缺陷每处扣2分	10		
2	地锚敷设	(1) 地锚坑开挖大小、深度、方向、马道存在缺陷每处扣5分； (2) 地锚安放方式、回填存在缺陷每处扣5分	40		
3	桩锚敷设	(1) 打锤的方法、准确程度每存在一处（次）缺陷扣5分； (2) 桩锚的深度、角度存在缺陷每处扣5分	40		
4	安全生产	(1) 损坏用具、出现不安全现象每处扣10分； (2) 不文明操作扣10分	10		
备注	时间	合计	100		
	100min	教师签字			

思考与练习

1. 地锚的种类有哪些？

2. 地锚敷设时如何考虑受力的方向？

3. 打桩的注意事项有哪些？

4. 抱打的方法是什么？

5. 抡打的方法是什么？

任务二　拉　线　制　作

学习目标

1. 知道拉线的种类、用途、拉线制作的质量要求。

2. 会使用相应的工具。

3. 能熟练制作拉线（镀锌钢绞线、金具）。

任务描述

在本次实训中，要求大家了解拉线的种类、型式、用途，掌握拉线制作的工序、工艺质量要求及安全注意事项。通过老师的讲解、示范、指导，达到独立完成一套拉线的制作任务。

拉线的作用是承受杆塔的不平衡水平、纵向荷载，增加杆塔稳定性，简化杆塔结构，降低线路造价。如终端杆、转角杆、耐张杆等装设拉线，是用来平衡导线对杆塔的拉力（纵向荷载）；为了避免线路受强大风力（水平荷载）的破坏，或在土质松软的地区为了增加电杆的稳定性，装设拉线用来承受杆塔的水平荷载。采用拉线增加杆塔稳定性的措施，与其他方法达到同样效果相比，结构最简单、造价最低，因此，应用最广泛。

学习内容

一、拉线的种类、型式

根据拉线的用途和作用的不同，一般拉线有以下几种。

1. 普通拉线

普通拉线就是我们常见的一般拉线，应用在终端杆、转角杆、分支杆及耐张杆等处，主要作用是用来平衡固定性不平衡荷载，如图 7 – 5 所示。

2. 人字拉线

人字拉线也称为防风拉线，是由两普通拉线组成，装在垂直线路方向上电杆的两侧，用于直线杆防风，一般每隔 7～10 基电杆做一个人字拉线。人字拉线如图 7 – 6 所示。

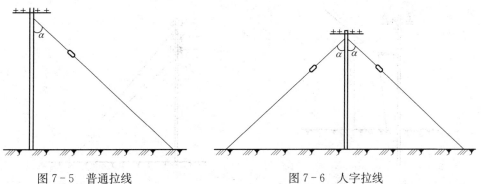

图 7 – 5　普通拉线　　　　　　　　图 7 – 6　人字拉线

3. 十字拉线

十字拉线又称四方拉线，一般在耐张杆处装设，为了加强耐张杆的稳定性，安装与线路方向成 45°人字形拉线两组，总称十字形拉线，如图 7 – 7 所示。

4. 水平拉线

水平拉线又称为高桩拉线，在不能直接作普通拉线的地方，如跨越道路等地方，则可作水平拉线。高桩拉线是通过高桩将拉线升高一定高度不会妨碍车辆的通行。水平拉线如图 7 – 8 所示。

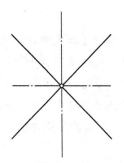

图7-7　十字拉线

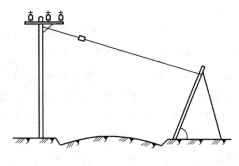

图7-8　水平拉线

5. 弓形拉线

弓形拉线又称自身拉线，在地形或周围自然环境的限制不能安装普通拉线时，一般可安装弓形拉线，如图7-9所示。弓形拉线的效果会有一定折扣，必要时可采用撑杆，撑杆可以看成是特殊形式的拉线。

6. Y形拉线

Y形拉线主要应用在电杆较高、多层横担的电杆，Y形拉线不仅防止电杆倾覆，而且可防止电杆承受过大的弯矩，装设时可以在不平衡作用力合成点上下两处安装Y形拉线。Y形拉线如图7-10所示。

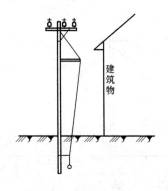

图7-9　弓形拉线

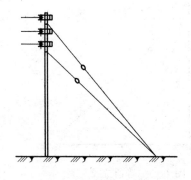

图7-10　Y形拉线

7. X形拉线

X形拉线常用于门形双杆，既防止了杆塔顺线路、横线路倾倒，又减少了线路占地宽度。X形拉线如图7-11所示。

8. 共用拉线（并用拉线）

在直线线路的电杆上产生不平衡拉力时，因地形限制不能安装拉线时，可采用共用拉线；即将拉线固定在相邻电杆上，用以平衡拉力。共用拉线如图7-12所示。

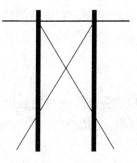

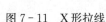

图 7-11 X 形拉线

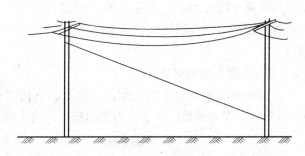

图 7-12 共用拉线

二、拉线的结构

目前，配电线路已经很少采用木杆、铁绞线、心形环、地横木等，均采用钢绞线、楔形线夹、拉线盘等新材料，使拉线的强度和寿命得到进一步改善，也使安装、调整过程简单化。

杆塔的拉线一般由拉线抱箍、延长环、楔形线夹（俗称上把）、镀锌钢绞线、UT 型线夹（俗称下把、底把）、拉线棒和拉线盘等构成，如图 7-13 所示。

规程规定：镀锌钢绞线不得小于 GJ-25 型；拉线棒采用直径不小于 16mm 的热镀锌圆钢制成。拉线盘的埋设深度和方向，应符合设计要求。拉线棒与拉线盘应垂直，连接处应采用双螺母，其外露地面部分的长度应为 500～700mm。穿越和接近导线的电杆拉线必须装设与线路电压等级相同的拉线绝缘子。拉线绝缘子应装在最低导线以下，应保证在拉线绝缘子以下断拉线情况下，拉线绝缘子距地面不应小于 2.5m。

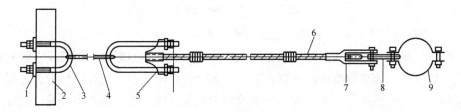

图 7-13 拉线构成

1—大方垫；2—拉线盘；3—U 形螺丝；4—拉线棒；5—UT 型线夹；
6—镀锌钢绞线；7—楔形线夹；8—延长环；9—拉线抱箍

三、拉线的制作

1. 钢绞线的截取

钢绞线截取长度可以进行计算，但考虑到拉线制作所使用金具、绝缘子的差别，计算长度往往和实际有一定出入，通常可根据经验估计实际长度。但有拉线绝缘子的拉线钢绞线分为上、下两部分，上部长度应保证拉线绝缘子有合适的位置。

钢绞线在截取前应用扎丝在剪断处两侧各缠三到五圈，然后再剪断，防止钢绞线散股。

2. 钢绞线回头的制作方法

制作回头前应量取回头的长度，一般上、下把回头露出金具出口的长度可取300～500mm，但要考虑位于金具内部的长度。回头的制作方法如图 7-14 所示。

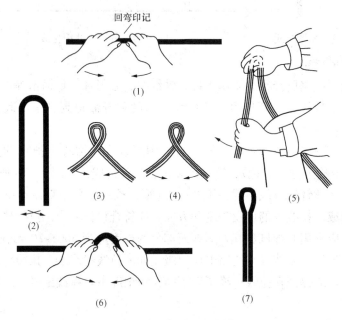

图 7-14　拉线回头制作

3. 将钢绞线穿入楔形线夹并将回头绑扎固定

把钢绞线穿入楔形线夹时，尾头应从楔形线夹的凸肚侧穿出，钢绞线应紧贴楔形线夹的舌头。如果钢绞线的回弯合适，穿入时就比较省力，钢绞线与舌头之间的间隙越小，工艺就越好。弯的大小与钢绞线的粗细、楔形线夹的大小有关，钢绞线应与楔形线夹配套使用。

首先应做好上部的楔形线夹后与延长环及拉线抱箍，安装在电杆横担相应下方，用紧线器一端挂在拉线棒上，另一端通过卡线器联结在钢绞线上，收紧紧线器，调整电杆，使钢绞线受力，并使电杆处于设计要求的状态，然后按需要做 UT 型线夹，使钢绞线和 UT 型可调线夹中的锚具与舌板结合为一体；然后将 U 形螺丝套入锚具中，加垫圈及螺母收紧后，并使两个线夹凸面方向一致，然后松开紧线器，拉线处在正常的工作状态。

在制作 UT 型可调线夹过程中，操作人员应站在线夹与电杆侧面；在拉线棒的焊接处或紧固处挂好紧线器尾端，使卡线器夹头卡在钢绞线上，收紧紧线器，调节电杆。调整好后，将 UT 型线夹的 U 形螺丝放在拉线棒的拉环上，把可调式 UT 型线夹的锚具放进钢绞线；U 形螺丝摆在正常的与拉线同向的受力位置上。在钢绞线上划印（对钢绞线的划印，主要是指制作完成以后的钢绞线，在松掉紧线器时，拉线能处于正常受力状态）；距离锚具下沿 6～10cm 处划印（此印便是锚具、舌板、钢绞线三者之间的钢绞线回折中心线）。划完印以后，制作出一个基本上与舌板一样的圆弧，然后套入锚具及舌板，将钢绞线、锚具及舌板紧固在一起，用木锤敲打，使之接触紧密。敲打时应注意不要撞伤防腐层，并且应反复穿入舌板中几次进行敲打。然后再与 U 形螺丝、垫圈、螺母配合使用固定在拉线棒上。并调节螺母，使拉线处于正常运行状态，松掉紧线器，用镀锌铁线或铝管按规程规定将尾线和主线上合并绑扎牢固。若用镀锌铁线绑扎，绑扎 10 圈后拧三个劲的小辫。绑扎时应紧密平整，无明显间隙，余线剪去压平。

4. 拉线制作的工艺要求

（1）拉线盘的埋设深度和方向，应符合设计要求。拉线棒与拉线盘应垂直，连接处应采用双螺母，其外露地面部分的长度应为 500～700mm。

拉线坑应有斜坡，回填土时应将土块打碎后夯实。拉线坑宜设防沉层。

（2）拉线安装应符合下列规定。

1）安装后对地平面夹角与设计值的允许偏差，应符合下列规定：①35kV 架空电力线路不应大于 1°；②10kV 及以下架空电力线路不应大于 3°；③特殊地段应符合设计要求。

2）承力拉线应与线路方向的中心线对正；分角拉线应与线路分角线方向对正；防风拉线应与线路方向垂直。

3）跨越道路的拉线，应满足设计要求，且对通车路面边缘的垂直距离不应小于 5m。

4）当采用 UT 型线夹及楔形线夹固定安装时，应符合下列规定：①安装前丝扣上应涂润滑剂；②线夹舌板与拉线接触应紧密，受力后无滑动现象，线夹凸肚在尾线侧，安装时不应损伤线股；③拉线弯曲部分不应有明显松股，拉线断头处与拉线主线应固定可靠，线夹处露出的尾线长度为 300～500mm，尾线回头后与本线应扎牢；④每端螺杆应用双螺帽并紧并露出丝扣，紧固后应有不小于 1/2 螺杆丝扣长度可供调节。

四、注意事项

（1）使用工器具时注意安全。

（2）防止钢绞线切割时散股。

（3）严禁损伤防腐层。

（4）量尺划印要准确。

技能训练

一、训练任务

制作一组拉线。

二、训练准备

按要求穿工作衣、戴安全帽。

两人一组，配备楔形线夹、UT 型线夹各一套，记号笔一支，镀锌钢绞线、扎丝、10 号铁线若干，木锤一把，电工常用工具一套，断线钳、钢卷尺全班公用一把。

三、工艺要求及评分标准

工艺要求及评分标准见表 7 - 2。

表 7 - 2 工艺要求及评分标准

项目名称	拉线制作
考核时间	40min
说明要求	（1）由考生以书面形式列出制作拉线所需金具、材料的种类名称、规格、型号、数量； （2）由考生以书面形式列出制作拉线所需工器具种类名称、规格型号； （3）地面制作（不需安装在杆塔上）； （4）不需安装拉线绝缘子； （5）本表格工器具、材料、场地均按一名考生需要编制
材料	（1）ϕ230 拉线抱箍一套（带螺栓）； （2）NE - 1 楔形线夹一套； （3）NUT - 1 耐张线夹一套； （4）PH - 7 型延长环一只； （5）GJ - 35 镀锌钢绞线若干米； （6）18 号镀锌铁线若干； （7）12 号镀锌铁线若干； （8）润滑脂若干； （9）防锈漆若干

续表

项目名称	拉线制作	
工具、设备	(1) 常用电工工具一套； (2) 硬质切刀（断线钳）一把； (3) 木锤一把； (4) 钢卷尺一把； (5) 记号笔一支	
场地	每个选手 5m×10m	

序号	操作步骤	评分细则
一		安全文明
	着装要求：穿工作服，戴安全帽，穿工作鞋	未按要求着装，缺一项扣 N 分；不规范扣 N 分
二		工作前准备
	正确选用材料、工器具、金具，所使用的工器具必须具备有效期内的"检验合格证"标志，规格数量满足工作要求	(1) 每缺少（过期）一个标志扣 N 分； (2) 规格不符合要求，每件扣 N 分； (3) 数量每缺少一件扣 N 分； (4) 附件齐全，每缺少一件扣 N 分
三		操作过程
1	各选手就位，得到许可后方可开始操作	未经许可扣 N 分
2	量取钢绞线	(1) 尺寸错误扣 N 分； (2) 绑扎数量不够，每少一处扣 N 分； (3) 绑扎不紧，每处扣 N 分
3	量取钢绞线弯曲部位	(1) 尺寸错误扣 N 分； (2) 标明记号，未作扣 N 分
4	弯曲钢绞线	(1) 方法正确，否则扣 N 分； (2) 动作熟练稳妥，失控一次扣 N 分； (3) 位置准确，每超差 5mm 扣 N 分
5	反弯	缺少该工序扣 N 分
6	穿入线夹、放入楔子	每穿错一次扣 N 分
7	敲打牢固、紧凑	(1) 镀锌层每有一处损伤扣 N 分； (2) 间隙每 1mm 扣 N 分

续表

序号	操作步骤	评分细则
8	量取绑扎位置，进行绑扎	(1) 位置不适当扣 N 分； (2) 绑扎不紧密，每圈扣 N 分； (3) 绑扎长度不适当扣 N 分； (4) 损伤绑线镀层每处扣 N 分； (5) 小辫位置、方向、长度不合适每处扣 N 分
9	装配	(1) 配套零件装配不齐全，每缺少一件扣 N 分； (2) UT 型线夹双螺母紧固后，应露出丝扣 N 丝以上，但不得大于丝杆总长的 $1/2$，否则每处扣 N 分
10	涂防锈漆	遗漏每处扣 N 分
四	工作终结	(1) 现场清理，存在遗留物，每件（个）扣 N 分； (2) 汇报工作完毕，交还工器具

❓ **思考与练习**

1. 拉线的作用是什么？

2. 拉线的型式有哪些？

3. 采用专用拉线金具制作拉线所需的工器具及材料有哪些？

4. 拉线制作的工艺要求有哪些？